"十四五"新工科应用型教材建设项目成果

21世纪技能创新型人才培养系列教材 计算机系列

Linux操作系统管理

主编/范 晖

中国人民大学出版社

·北京·

图书在版编目（CIP）数据

Linux 操作系统管理 / 范晖主编. -- 北京 : 中国人民大学出版社，2022.1

21 世纪技能创新型人才培养系列教材. 计算机系列

ISBN 978-7-300-30078-8

Ⅰ. ① L… Ⅱ. ①范… Ⅲ. ① Linux 操作系统－教材 Ⅳ. ① TP316.89

中国版本图书馆 CIP 数据核字（2021）第 250213 号

"十四五"新工科应用型教材建设项目成果

21 世纪技能创新型人才培养系列教材·计算机系列

Linux 操作系统管理

主 编 范 晖

Linux Caozuo Xitong Guanli

出版发行	中国人民大学出版社		
社　址	北京中关村大街 31 号	邮政编码	100080
电　话	010－62511242（总编室）		010－62511770（质管部）
	010－82501766（邮购部）		010－62514148（门市部）
	010－62515195（发行公司）		010－62515275（盗版举报）
网　址	http://www.crup.com.cn		
经　销	新华书店		
印　刷	北京宏伟双华印刷有限公司		
规　格	185 mm × 260 mm　16 开本	版　次	2022 年 1 月第 1 版
印　张	14.5	印　次	2022 年 1 月第 1 次印刷
字　数	350 000	定　价	45.00 元

前言

Linux是一个免费的、多用户、多任务操作系统，其最大的特点是源代码完全公开。Linux的运行方式和功能与UNIX系统相似，但Linux系统的稳定性、安全性与网络功能是很多商务操作系统无法比拟的。目前，越来越多的大中型企业选择Linux作为其服务器的操作系统。随着大数据应用的普及和机器学习的兴起，涌现出了很多开源框架，如Hadoop、Spark、OpenStack、TensorFlow、华为云等，这些开源框架大部分部署在Linux操作系统下。因此，掌握Linux操作系统对于适应未来新一代信息技术产业的发展具有重要的意义。

作者结合多年Linux系统从教和企业工作经验编写了本书。全书介绍了系统安装、基本shell命令、高级shell命令、用户管理、磁盘管理、文件管理、资源管理、网络管理、软件包管理和应用服务器搭建等内容，采用大量实例介绍相关知识的应用，帮助读者掌握CentOS/RHEL系统的使用和管理技巧。

全书分为16个项目，项目1介绍CentOS的安装过程、注意事项，项目2介绍常用的系统管理命令，项目3介绍常用的文件和目录管理命令，项目4介绍shell命令的高级用法，项目5介绍用户和组群管理命令，项目6介绍磁盘和文件权限管理命令，项目7介绍系统资源管理命令，项目8介绍软件包的管理方法，项目9介绍网络参数的配置，项目10～15分别介绍Samba、DNS、邮件、Web、DHCP、Docker、Hadoop等服务器的安装和管理，项目16介绍图形化系统管理工具Webmin的应用。其中，项目1～9是一个完整的体系，自项目10开始各项目自成体系，读者可以根据需要选择性学习。

本书遵循“体系完整，实用性强，案例丰富，让教和学更轻松”的编写原则，确保内容实用、易理解，并兼顾深度与广度。在讲解知识点时，配套了大量案例，以加深读者对知识点的理解，并对部分较难的知识点和案例进行了注释分析。同时，为了便于教学，本书提供了授课PPT和课后习题等资源。

读者在学习的过程中，要注意“抓概念、抓思想、抓应用”，通过多动手、多实践的方式学习，建议在字符终端模式下练习，要理解命令的含义，不要死记硬背。Linux 操作系统涉及知识点繁多，出错时难以定位，因此要重视对出错信息、日志信息的解读和分析，以便从中找出错误所在。

由于时间仓促，加之编者水平和能力有限，错误与不妥之处在所难免，衷心希望广大读者批评指正，也希望大家能就教学过程中的经验和心得体会与编者交流（E-mail: 1093051554@qq.com、fanhui@xijing.edu.cn）。

编者

CONTENTS 目录

项目 1 Linux 安装 …… 1

任务 1.1 初识 Linux …… 1

1.1.1 操作系统概述 …… 1

1.1.2 Linux 简介 …… 4

1.1.3 Linux 的特点 …… 5

1.1.4 Linux 内核和发行版本 …… 6

任务 1.2 安装 Linux …… 7

1.2.1 安装需求 …… 7

1.2.2 安装方式 …… 7

1.2.3 磁盘分区 …… 8

1.2.4 常见分区 …… 9

1.2.5 虚拟机简介 …… 10

项目 2 系统管理 …… 21

任务 2.1 认识两种界面 …… 21

2.1.1 图形界面 …… 21

2.1.2 字符界面 …… 22

任务 2.2 初识 shell 命令 …… 23

2.2.1 shell 概述 …… 23

2.2.2 命令分类 …… 24

2.2.3 命令语法分析 …… 24

任务 2.3 使用系统管理命令 …… 25

2.3.1 systemctl 命令 …… 25

2.3.2 shutdown 命令 …… 28

2.3.3 dmesg 命令 …… 28

2.3.4 uname 命令 …… 29

2.3.5 uptime 命令 …… 29

2.3.6 last/lastb 命令 …… 29

2.3.7 free 命令 …… 30

2.3.8 date 命令 …… 30

2.3.9 cal 命令 …… 31

2.3.10 clear 命令 …… 32

2.3.11 who 命令 …… 32

2.3.12 hwclock 命令 …… 33

项目 3 文件和目录管理 …… 36

任务 3.1 认识文件和目录 …… 36

3.1.1 文件类型 …… 36

3.1.2 目录结构 …… 38

任务 3.2 使用文件和目录类命令 …… 38

3.2.1 文件管理 …… 38

3.2.2 目录管理 …… 51

3.2.3 文件和目录属性 …… 52

3.2.4 文件的压缩和归档 …… 53

任务 3.3 使用文本编辑器 vi/vim …… 56

3.3.1 vi/vim 概述 …… 56

3.3.2 vi/vim 的 3 种模式 …… 56

3.3.3 vi/vim 的常用命令 …… 57

项目 4 shell 命令进阶 …… 61

任务 4.1 认知通配符 …… 61

4.1.1 通配符“*” …… 62

4.1.2 通配符“?” …… 62

4.1.3 通配符“[ ]” …… 62

4.1.4 通配符“^”或者“!”……62
4.1.5 通配符的组合使用……62
任务 4.2 管道的应用……62
任务 4.3 输入输出重定向的应用……63
4.3.1 输入重定向……63
4.3.2 输出重定向……63
4.3.3 错误重定向……64
任务 4.4 命令序列的应用……64
任务 4.5 shell 的引用……65
4.5.1 转义字符“\”……65
4.5.2 单引号“''”……65
4.5.3 双引号“""”……65
4.5.4 反引号“``”……66
任务 4.6 认识 shell 的自动补全……66
任务 4.7 shell 历史记录的应用……66
4.7.1 历史记录的调用方法……66
4.7.2 history 命令……66

项目 5 用户和组群的管理……69
任务 5.1 管理用户……69
5.1.1 用户概述……69
5.1.2 增加用户……71
5.1.3 修改用户……73
5.1.4 删除用户……73
5.1.5 切换用户……73
5.1.6 以其他身份执行命令……74
任务 5.2 管理组群……74
5.2.1 组概述……74
5.2.2 创建组……76
5.2.3 修改组……76
5.2.4 切换组……76
5.2.5 组成员管理……77
5.2.6 删除组……77

项目 6 磁盘和文件权限管理……80
任务 6.1 管理磁盘……80
6.1.1 磁盘设备表示……80
6.1.2 磁盘分区划分……81
6.1.3 磁盘管理命令……83
任务 6.2 使用逻辑卷……87
6.2.1 逻辑卷的基本概念……87
6.2.2 逻辑卷的创建与管理……88
任务 6.3 管理文件权限……90
6.3.1 文件权限的基本概念……90
6.3.2 改变文件属主和属组……91
6.3.3 改变文件的访问权限……91
6.3.4 默认权限掩码……93
6.3.5 访问控制列表……94

项目 7 系统资源管理……103
任务 7.1 认知进程……103
7.1.1 进程的概念……103
7.1.2 进程的分类……105
7.1.3 进程属性……105
7.1.4 进程文件系统 proc……106
任务 7.2 启动进程……106
7.2.1 手动启动……106
7.2.2 调度启动……107
任务 7.3 管理进程……110
7.3.1 查看进程状态……110
7.3.2 终止进程……113
7.3.3 更改进程优先级……113
任务 7.4 使用资源管理命令……114
7.4.1 sar 命令……114
7.4.2 iostat 命令……115
7.4.3 dstat 命令……115

项目 8 软件包管理……119
任务 8.1 使用 rpm 工具……119
8.1.1 rpm 简介……119
8.1.2 查询软件包……120
8.1.3 安装软件包……121
8.1.4 升级软件包……122
8.1.5 卸载软件包……122
任务 8.2 使用 yum 工具……122
8.2.1 添加 yum 源……123
8.2.2 安装软件包……123
8.2.3 查询软件包……124

8.2.4 升级软件包 …… 124
8.2.5 卸载软件包 …… 124

项目 9 网络管理 …… 126
任务 9.1 配置防火墙 …… 126
9.1.1 常见端口 …… 126
9.1.2 firewalld …… 127
9.1.3 图形化 firewall-config 工具 …… 128
9.1.4 控制台 firewall-cmd 配置工具 …… 128
任务 9.2 配置网络 …… 130
9.2.1 网络配置文件 …… 130
9.2.2 配置 IP 地址 …… 130
9.2.3 设置主机名 …… 131
9.2.4 设置默认网关 …… 132
9.2.5 设置 DNS 服务器 …… 132
任务 9.3 使用网络管理命令 …… 133
9.3.1 网络连通性测试 ping …… 133
9.3.2 配置网络接口 ifconfig …… 134
9.3.3 配置路由表 route …… 134
9.3.4 显示网络状态 netstat …… 135
9.3.5 跟踪路由 traceroute …… 136
9.3.6 复制文件 scp …… 136
9.3.7 下载网络文件 wget …… 136

项目 10 Samba 服务配置与管理 …… 140
任务 10.1 认识 Samba …… 140
10.1.1 Samba 发展历程 …… 140
10.1.2 Samba 工作原理 …… 141
10.1.3 防火墙、SELinux 和 Samba …… 141
任务 10.2 配置 Samba 服务器 …… 141
10.2.1 Samba 服务的安装 …… 142
10.2.2 主配置文件 /etc/samba/smb.conf …… 142
10.2.3 修改防火墙和 SELinux 设置 …… 145
10.2.4 启动服务 …… 145
10.2.5 服务测试 …… 145
任务 10.3 配置 Samba 客户端 …… 146
10.3.1 使用 smbclient 工具 …… 146
10.3.2 使用 mount 命令 …… 147
任务 10.4 排查 Samba 故障 …… 147
10.4.1 Samba 问题的确定 …… 147
10.4.2 查看本地日志文件 …… 148

项目 11 域名和邮件服务配置与管理 …… 151
任务 11.1 配置域名解析服务 …… 151
11.1.1 DNS 服务 …… 151
11.1.2 bind 名称服务器 …… 152
11.1.3 DNS 客户端 …… 155
任务 11.2 配置邮件服务器 …… 155
11.2.1 邮件服务器概述 …… 155
11.2.2 配置 Postfix …… 156
11.2.3 配置 Dovect …… 158

项目 12 Web 服务器配置与管理 …… 166
任务 12.1 认知 Web 服务 …… 166
12.1.1 Web 服务 …… 166
12.1.2 Apache 简介 …… 167
任务 12.2 安装 Apache 服务器 …… 168
12.2.1 Apache 软件包的安装 …… 168
12.2.2 启动和关闭 Apache 服务 …… 168
12.2.3 检测 Apache 状态 …… 168
12.2.4 开机自动运行 …… 169
任务 12.3 配置 Apache 服务器 …… 169
12.3.1 主要目录和文件介绍 …… 169
12.3.2 Apache 服务器的管理 …… 169
12.3.3 主配置文件介绍 …… 170
12.3.4 Apache 服务器常见配置命令 …… 170
任务 12.4 配置虚拟主机 …… 172
12.4.1 基于 IP 的虚拟主机 …… 172
12.4.2 基于域名的虚拟主机 …… 172
12.4.3 基于端口的虚拟主机 …… 173

项目 13 DHCP 服务器的配置与管理 … 176
任务 13.1 认知 DHCP 服务 …… 176
13.1.1 主机 IP 地址的指定方式 …… 176
13.1.2 DHCP 的主要应用环境 …… 177
13.1.3 DHCP 的工作原理 …… 177

13.1.4 DHCP 中作用域、超级作用域、排除范围、地址池、租约、保留地址、选项类型 …… 177
任务 13.2 运行 DHCP 服务器 …… 178
任务 13.3 配置 DHCP 服务器 …… 179
13.3.1 声明 …… 179
13.3.2 参数 …… 180
13.3.3 选项 …… 180
任务 13.4 配置 DHCP 客户端 …… 180
13.4.1 Linux 客户端的配置 …… 181
13.4.2 Windows 客户端的配置 …… 181

项目 14 Docker 的安装与配置 …… 185
任务 14.1 初识 Docker …… 185
14.1.1 Docker 的由来 …… 185
14.1.2 虚拟化技术的优势 …… 186
任务 14.2 学习 Docker 常用命令 …… 186
14.2.1 拉取官网（Docker Hub）镜像 … 186
14.2.2 搜索在线可用镜像名 …… 186
14.2.3 查询所有的镜像，默认将最近创建的排在最前面 …… 186
14.2.4 查看正在运行的容器 …… 186
14.2.5 删除单个镜像 …… 187
14.2.6 启动、停止、移除容器操作 …… 187
14.2.7 查询某个容器的所有操作记录 …… 187
14.2.8 制作镜像 …… 187
14.2.9 创建并启动容器 …… 187
14.2.10 容器的重命名 …… 188
14.2.11 容器的删除 …… 188
任务 14.3 安装和启动 Docker …… 188
14.3.1 Docker 安装前的检查 …… 188
14.3.2 Docker 的安装 …… 189
任务 14.4 管理 Docker …… 190
14.4.1 镜像 …… 190
14.4.2 容器 …… 190
14.4.3 仓库 …… 190

项目 15 Hadoop 的安装与配置 …… 193
任务 15.1 初识 Hadoop …… 193
15.1.1 Hadoop 2.x 生态系统 …… 193
15.1.2 运行环境和模式 …… 194
任务 15.2 安装 Hadoop 集群 …… 195
15.2.1 准备软件环境 …… 195
15.2.2 安装 Hadoop …… 198
任务 15.3 配置 Hadoop 集群 …… 198
15.3.1 配置 /etc/profile.d 文件夹中的 hadoop.sh …… 199
15.3.2 配置 hadoop_env.sh …… 200
15.3.3 配置 yarn-env.sh …… 200
15.3.4 配置 mapred_env.sh …… 200
15.3.5 配置 core-site.xml …… 200
15.3.6 配置 hdfs-site.xml …… 201
15.3.7 配置 yarn-site.xml …… 201
15.3.8 配置 mapred-site.xml …… 202
15.3.9 配置 slaves …… 202
15.3.10 同步 Hadoop 配置文件 …… 202
15.3.11 创建所需目录 …… 202
15.3.12 格式化 HDFS …… 203

项目 16 Webmin 的安装与使用 …… 207
任务 16.1 安装和配置 Webmin …… 207
16.1.1 下载并安装 Webmin 软件包 …… 208
16.1.2 启动 Webmin …… 208
任务 16.2 认知 Webmin 模块 …… 209
16.2.1 系统模块 …… 209
16.2.2 服务器模块 …… 209
任务 16.3 使用 Webmin 工具 …… 210
16.3.1 登录 Webmin …… 210
16.3.2 主题配置和语言选择 …… 211
16.3.3 Webmin 的配置文件 …… 211

参考文献 …… 216

附录 Linux 命令速查 …… 217

项目 1

Linux 安装

项目导读

Linux 操作系统功能强大、使用方便，是服务器的首选操作系统之一。本项目将讲解 Linux 的特点、内核和发行版本，最后结合常用的 Linux 发行版本 CentOS Linux 详细讲解其安装过程，为后续项目的学习奠定基础。

学习目标

- 了解 Linux 的发展过程。
- 了解常见的 Linux 版本及选择原则。
- 熟悉操作系统的功能和常见操作系统。
- 掌握 Linux 内核、发行版本和系统结构。
- 能够独立安装 CentOS Linux 8，会解决安装过程中出现的常见问题。

课程思政目标

了解我国在计算机操作系统领域的发展现状，增强学习的紧迫感、使命感、责任感，树立投身我国计算机事业的决心，做一个对国家有用的人。

任务 1.1　初识 Linux

1.1.1　操作系统概述

1. 操作系统的定义

一个完整的计算机系统由两部分组成：计算机硬件（hardware）和计算机软件

（software）。计算机硬件是构成计算机系统的物理部件和设备的总称。计算机硬件一般包括以下几个方面：

- 输入设备：如鼠标、键盘、声卡。
- 输出设备：如显示器、绘图仪、打印机、音箱。
- 控制设备：如中央处理单元（CPU）。
- 存储设备：内存、机械硬盘、SSD 固态盘、光盘、U 盘。

这些设备通过主板（motherboard）上的各种接口（PCI 插槽、CPU 插槽、AGP 插槽、SATA 插槽等）连接起来，并通过其内部的线路相互通信。各设备在 CPU 的统一控制下协调工作。

计算机软件是计算机系统中的程序及文档资料的总称。软件的核心是系统软件，系统软件的核心是操作系统。

操作系统（Operating System，OS）是管理和控制计算机硬件与软件资源的软件程序，是直接运行在“裸机”上的最基本的系统软件，任何其他软件都必须在操作系统的支持下才能运行。操作系统是用户和计算机的接口，同时也是计算机硬件和其他软件的接口。

2. 操作系统的功能

001　操作系统的功能

操作系统用于管理计算机系统的硬件、软件及数据资源；控制程序运行；为其他应用软件提供支持，让计算机系统所有资源最大限度地发挥作用；提供各种形式的用户界面，使用户有一个好的工作环境；为其他软件的开发提供必要的服务和相应的接口等。

3. 操作系统的特征

（1）并发（Concurrency）。

并发是指多个事件在同一时间段内发生。操作系统是一个并发系统，包括各进程间的并发，系统与应用间的并发。操作系统要完成对这些并发过程的管理。另外，并行（parallel）是指多个事件在同一时刻发生。

（2）共享（Sharing）。

共享是指计算机系统资源供多个任务共同使用。操作系统要对系统资源进行合理分配，确保部分资源能够在一个时间段内交替被多个进程所用。共享可以分为以下两类：

1）互斥共享（如声卡）：资源分配后到释放前，不能被其他进程所用。

2）同时访问（如可重入代码，磁盘文件）：资源可被其他进程同时使用。

共享的难题在于资源分配很难达到最优化。

（3）虚拟（Virtual）。

虚拟是指采用技术手段把一个物理实体映射为若干个对应的逻辑实体，可以采用分时或分空间技术。虚拟是操作系统管理系统资源的重要手段，可提高资源利用率。

1）CPU 是每个用户（进程）的“虚处理机”。

2）存储器是每个进程都占有的地址空间（命令 + 数据 + 堆栈）。

3）显示设备是多窗口或虚拟终端（Virtual Terminal）。

（4）异步性（Asynchronism）。

异步性（也称不确定性）是指进程的执行顺序和执行时间的不确定性。

【例 1－1】 操作系统并行性和并发性的区别。

当只有一个 CPU 时，多个线程只能以并发方式轮流执行；当有多个 CPU 时，多个线程可以并行执行。并行示意图如图 1－1 所示，并发示意图如图 1－2 所示。

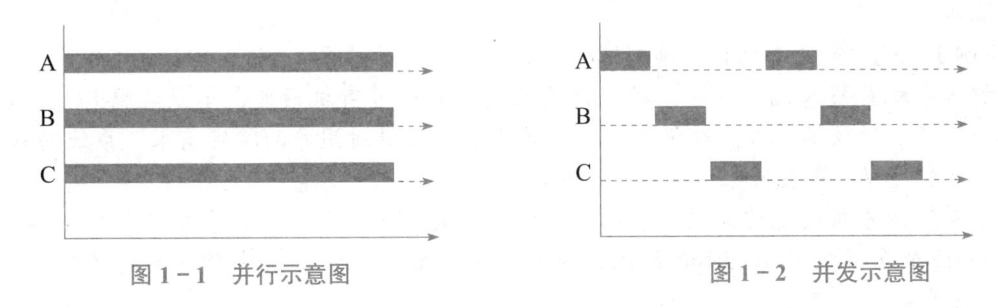

图 1－1　并行示意图　　图 1－2　并发示意图

4. 操作系统的组成

（1）驱动程序。

最底层的、直接控制和监视各类硬件的部分，它们的职责是隐藏硬件的具体细节，并向其他部分提供一个抽象的、通用的接口。

（2）内核。

操作系统最核心的部分，通常运行在最高特权级，负责提供基础性、结构性的功能。

（3）接口库。

接口库是一系列特殊的程序库，它们的职责在于把系统所提供的基本服务包装成应用程序能够使用的编程接口（API），是最靠近应用程序的部分。

（4）外围。

外围是指操作系统中除以上三类以外的所有其他部分，通常是指用于提供特定高级服务的部件。

【例 1－2】 不同身份的用户如何使用操作系统？

程序员通过在源代码中调用接口库提供的函数，完成所需要的功能。普通用户的日常维护是指通过外围提供的字符界面（shell 命令）或图形界面（菜单）来使用操作系统，编写设备驱动程序时，需要使用内核提供的初级函数。

5. 常见的操作系统

（1）UNIX。UNIX 于 1973 年诞生，Dennis Ritchie 和 Ken Thompson 使用 C 语言于当年写出了第一个正式的 UNIX 内核。1974 年，他们在国际计算机协会（ACM）交流杂志上正式发表了 UNIX。由于 UNIX 具有强大的功能和高度的可靠性，如今已经成为服务器领域中使用最多的操作系统之一。

（2）Windows。微软的视窗操作系统 Windows 由早期的单任务操作系统 MS-DOS 发展而来，由于 Windows 系统具有易用性好、操作简单等特点，在全球桌面操作系统的市场中占有很大份额，是计算机主流的操作系统之一。

（3）MAC OS。苹果公司的 MAC OS 操作系统是一套运行于 Macintosh 系列电脑上的操作系统。MAC OS 是基于 UNIX 内核的图形化操作系统，MAC 操作系统无法运行在非苹果的计算机平台上。MAC OS 在平面设计、音视频制作和出版领域是用户最好的选择之一。

（4）Linux。Linux 是由芬兰赫尔辛基大学的一名大学生 Linus Torvalds 于 1991 年正式发布的。Linux 秉承开放自由的思想，诞生之后经过众多程序员不断修改和完善，如今已经拥有几十个不同的发行版本。由于 Linux 是一款开源软件，内核源代码完全公开，人们可以自由使用、复制、研究、修改和分发，这使得 Linux 在使用方面非常灵活，可以安装在不同的设备上，例如：手机、平板电脑、路由器、台式电脑、大型计算机、超级计算机。

【例 1－3】 苹果手机和安卓手机对应的操作系统是什么？

智能手机是嵌入式设备的一种，常见的嵌入式设备有机顶盒、车载电脑 ECU、GPS 导航仪、音乐播放器、智能电视等。嵌入式设备一般针对用户的特定需求，系统的存储、计算、体积、功耗等受限。

苹果智能手机的操作系统是 IOS，开发语言是 object-C；安卓智能手机的操作系统是 Google 公司开发的 Android 系统，是基于 Linux 内核进行二次开发的，开发语言是 Java。

1.1.2 Linux 简介

Linux 是一个供人们免费使用和自由传播的类 UNIX 操作系统。现在已经能够应用于多种类型 CPU（如 SPARC、POWERPC、INTEL）的计算机上。其开发目的是建立不受任何商品化软件版权制约的、全世界都能自由使用的 UNIX 兼容产品。Linux 重新实现了 UNIX，也丰富了 UNIX。同时，Linux 融入了原来 UNIX 版本中所没有的技术，所以它也是一种有别于 UNIX 的系统。

1991 年 10 月 5 日，Linus Torvalds 在新闻组 comp.os.minix 发布了大约有 1 万行代码的 Linux 0.01 版本。到了 1992 年，大约有 1 000 人使用 Linux。

1993 年，大约有 100 名程序员参与了 Linux 内核代码的编写或修改工作，其核心组由 5 人组成，此时 Linux 0.99 的代码大约有 10 万行，用户大约有 10 万人左右。1994 年 3 月，Linux 1.0 发布，代码量为 17 万行。当时按照完全自由免费的协议发布，随后正式采用 GPL 协议。至此，Linux 的代码开发进入良性循环。很多系统管理员开始在自己的计算机中尝试使用 Linux，并将修改的代码提交给核心小组。由于拥有了大量用户，Linux 的代码也完善了对不同硬件系统的支持，大大提高了跨平台移植性。

1995 年，此时的 Linux 可在 Intel、Digital 及 Sun SPARC 处理器上运行，用户也超过了 50 万，介绍 Linux 的杂志 Linux Journal 发行了超过 10 万册。

1996 年 6 月，Linux 2.0 内核发布，此内核有大约 40 万行代码，并可以支持多个处理器。此时的 Linux 已经进入了实用阶段，全球大约有 350 万人使用。

2001 年 1 月，Linux 2.4 发布，进一步提升了 SMP 系统的扩展性，同时也集成了很多用于支持桌面系统的特性：支持 USB 和 PC 卡（PCMCIA），支持内置的即插即用等。

2003 年 12 月，Linux 2.6 内核发布，与 Linux 2.4 内核相比，Linux 2.6 在对系统的支持方面有很大的变化。

2007 年 11 月 5 日，谷歌公司向外界正式展示了基于 Linux 内核的 Android 操作系统。

到目前为止，Linux 已成为具有全部 UNIX 特征、与 POSIX 兼容的操作系统。Linux 是一个免费的、多用户、多任务的操作系统，其运行方式、功能和 UNIX 系统很相似，但 Linux 系统的稳定性、安全性与网络功能是许多商业操作系统无法比拟的。Linux 系统最大的特色是源代码完全公开，在符合 GNU/GPL（通用公共许可证）的原则下，任何人都可以自由取得、传播甚至修改源代码。

越来越多的大中型企业选择了 Linux 作为其服务器的操作系统。近几年来，Linux 系统又以其较为友好的图形界面、丰富的应用程序及低廉的价格，在桌面领域得到了较好的发展，受到了普通用户的欢迎。

【例 1－4】 Linux 和 UNIX 操作系统的异同有哪些？

Linux 来源于 UNIX 操作系统，设计之初参考 UNIX 系统中好的设计思想，和 UNIX 完全兼容，支持 UNIX 下的绝大部分命令，它们在安全性、可靠性等方面具有较高的相似性。但是 Linux 适合于目前主流的硬件平台，内核代码开源，发行版本不收费或者仅收取很少的费用；UNIX 系统对硬件要求较高，不同公司的硬件平台捆绑有不同的 UNIX 版本，UNIX 版本类型较多，通用性较差，而且价格较为昂贵。

1.1.3 Linux 的特点

1. 开放性

开放性是指系统遵循国际标准规范，特别是遵循开放系统互联（OSI）国际标准。凡遵循国际标准规范所开发的硬件和软件，都能彼此兼容，可方便地实现互联互通。

2. 多用户

多用户是指系统资源可以被不同用户各自拥有和使用，即每个用户对自己的资源（如文件和设备）有特定的权限，互不影响。Linux 和 UNIX 都具有多用户特性。

3. 多任务

多任务是现代计算机最主要的一个特点。它是指计算机可以同时执行多个程序，而且各个程序的运行相互独立。Linux 系统可调度每一个进程，使各进程平等地访问 CPU，由于 CPU 的处理速度非常快，其结果便是各应用程序看起来是在并行运行。

4. 较好的用户界面

Linux 向用户提供了两种人机交互方式：用户界面和系统调用。Linux 的传统用户界面是基于文本模式的命令行界面，即 shell。为了使用户能够在直观、易操作、交互性强、友好的环境下工作，Linux 推出了通过鼠标操作的由窗口、菜单、按钮、滚动条等组成的图形用户界面。系统调用指操作系统给用户提供一组“特殊”的接口，用户可以通过这些接口来获取操作系统中的内核提供的服务（如进程管理、文件操作等）。

5. 设备独立性

设备独立性是指操作系统把所有外部设备统一当作文件来看待，只要安装了这些设备的驱动程序，任何用户都可以像操作文件一样操作这些设备，系统内核会以相同的方式来处理这些设备。

6. 完善的网络功能

完善的网络功能是 Linux 的一大特点。Linux 在通信和网络功能方面优于其他操作系统。其他操作系统不具备和内核如此紧密地结合在一起的连接网络的能力，也不具备内置这些联网功能的灵活性。

7. 可靠的系统安全性

Linux 采取了许多安全技术措施，包括对读写进行权限控制、带保护的子系统、审计跟踪、核心授权等，这为网络环境中的用户提供了必要的安全保障。

8. 良好的可移植性

Linux 是一种可移植的操作系统，能够在从微型计算机到大型计算机的任何环境中和任意硬件平台（包括 Intel/AMD 及 HP-PA、MIPS、PowerPC、SPARC、ALPHA）上运行。可移植性为运行 Linux 的不同计算机与其他任何计算机进行通信提供了方便，不需要另外增加特殊且昂贵的通信接口。

1.1.4　Linux 内核和发行版本

1. Linux 内核版本

Linux 内核由 C 语言编写，符合 POSIX（可移植操作系统接口）标准。但是 Linux 内核还不能称为操作系统，内核只提供基本的设备驱动、文件管理、资源管理等功能，是 Linux 操作系统的核心组件。Linux 内核可以被广泛移植，而且对多种硬件都适用。

Linux 内核版本包括稳定版和开发版两种。Linux 内核版本号一般由 3 组数字组成：

主版本号 . 次版本号 . 修正次数

其中，次版本号为奇数时，表示开发中的版本，是测试版，不太稳定；为偶数时，则表示发行版，是稳定的。通过 uname-r 命令可以查看内核版本号。如 CentOS Linux 内核为 vmlinuz-3.10.0-514.el7.x86_64。

2. Linux 发行版本

不同的厂商把发布的 Linux 内核与常用的应用程序组合在一起，就形成了不同的 Linux 系统的发行版本。相对于内核版本号，发行版本号随着发布者的不同而不同，与系统内核的版本号是相对独立的。

初学者在学习 Linux 之前，需要有一个明确的方向，选择一个适合自己的 Linux 系统至关重要。常见的发行版本如下：

（1）Ubuntu。Ubuntu 是一个以桌面应用为主的 Linux 操作系统，它拥有庞大的社区力量，用户可以方便地从社区获得帮助。Ubuntu 的界面美观、简洁。如果日常工作中大部分时间都在使用图形界面，那么 Ubuntu Linux 绝对是首选。其中，Ubuntu kylin 是针对中国用户的一个衍生版。

（2）RHEL。RHEL（Red Hat Enterprise Linux）是美国 Red Hat 公司开发的一款商用 Linux 发行版本，需要购买商业授权和咨询服务。RHEL 适用于企业级应用的系统平台，具有很好的可靠性和稳定性。

（3）Fedora。Fedora 被 Red Hat 公司定位为新技术的测试平台，许多新技术会在 Fedora 中检验，如果这些新技术稳定，Red Hat 公司则会考虑将其加入 Red Hat Enterprise Linux。Fedora 是一套功能完备、更新迅速的免费操作系统，因此，个人领域的应用，例如开发、体验新功能等，可选择此发行版本。

（4）CentOS。CentOS 全名为“社区企业操作系统”（Community Enterprise Operating System）。它是由 RHEL 依照开源代码规定发布的源代码编译而成。CentOS 和 RHEL 的不同在于，CentOS 并不包含封闭源代码软件。因此，用户不但可以自由使用 CentOS，而且能够享受 CentOS 提供的长期免费升级和更新服务，这是 CentOS 的一大优势。由于 CentOS Linux 具有与 RHEL 的良好的兼容性和企业级应用的稳定性，又允许用户自由使用，因此得到了广泛应用。CentOS 目前已经被 Red Hat 公司收购。

用户可使用 cat/etc/centos-release 命令查看 CentOS 的发行版本。

本书以 CentOS Linux release 8.2.2004 为编写对象，对应的内核版本为 4.18.0-193.el8.x86_64。

任务 1.2 安装 Linux

1.2.1 安装需求

每一个 Linux 发行版本都会给出系统的最低要求及推荐的配置列表，并且不同的安装选项（字符界面 / 图形界面）对于系统的要求不一样。

Linux 对硬件的要求不高，大部分能够运行 Windows 的机器都可以安装 Linux，并且运行速度会比 Windows 快得多。这里不讨论安装 Linux 的最低硬件配置，只对某些特殊应用和特殊安装进行说明。

如果要安装图形界面（X-Window），或者运行 OpenOffice 之类的办公软件，则对显卡和内存要求较高。如果要安装大型开源框架（如 Hadoop），则对内存大小、磁盘容量和 CPU 主频等要求很高。

Linux 安装光盘中虽然已经包含了大部分硬件驱动程序，但是由于硬件更新很快，因此可能出现 Linux 发行版本无法及时更新相应驱动程序的情况。用户如有需要可手动更新。

另外，需要注意的是，硬件兼容性在老式电脑和组装电脑上显得特别重要，由于硬件技术规范日新月异，很难保证计算机硬件之间会百分之百兼容。用户在配置之前可检查硬件兼容性，例如，要查看 Red Hat 硬件兼容性可以访问网址 https://hardware.redhat.com，查看众多厂商的硬件产品。

【例 1－5】 安装 Linux 系统时，选择软件包的依据是什么？

对于 Linux 服务器来说，安全是最重要的，安装必需的软件包即可，不需要的则不必安装，因为多余的软件包不但会占用磁盘空间，而且会给服务器带来安全隐患。所以，要遵循“按需安装，不用不装”的原则。今后需要使用哪些软件，可以通过 rpm、yum 工具来安装。

1.2.2 安装方式

1. 硬盘安装

硬盘安装方式一般是在 Windows 系统的基础上进行的，安装 Windows 和 Linux 共存的双系统或者在没有光驱的情况下，都可以通过硬盘方式进行安装。需要特别注意：Windows 的文件系统格式（FAT、FAT32、NTFS）和 Linux（ext、xfs、swap）是完全不同的，因此不能在一个磁盘分区内既安装 Windows 系统又安装 Linux 系统。即使这么做了，Linux 也识别不了 Windows 分区。

2. 网络安装

如果要安装几百台甚至上千台服务器，硬盘安装或 U 盘安装显然是不现实的。这时要采用网络安装方式，其特点是大批量、自动化安装。常见的批量网络安装工具是 Kickstart，它是一个无人值守的 Linux 系统自动安装工具，系统管理员可以通过创建一个应答文件（ks.cfg）自动完成 Linux 系统的安装。

3. 光盘安装

光盘安装方式是最常用的安装方式之一。主要步骤是将下载的 Linux 版本的 ISO 格式的文件刻录成光盘，设置 BIOS，将计算机的第一启动顺序设成 DVD-ROM，保存设置后启动计算机，光盘将自动进行引导，然后启动 Linux 安装程序。也可以使用虚拟机 VMware 等直接加载光盘镜像文件（ISO）。

4. U 盘安装

由于光盘安装速度较慢，批量安装系统时会花费很多时间。这时可以通过 U 盘来安装，U 盘安装速度非常快，可以节省很多时间。

002　磁盘分区类型

1.2.3　磁盘分区

1. 磁盘分区方案

安装一个全新的操作系统前需要对磁盘进行分区。分区类型如下：

（1）主引导记录（MBR）。

MBR 分区分为 3 种：主分区、扩展分区和逻辑分区。

1）主分区。主分区可以直接用来安装操作系统和存放数据，由于主引导记录（MBR）容量的限制，一个硬盘上的主分区最多只能有 4 个。因此，如果想在一个硬盘上创建 4 个以上的分区，只使用主分区是不够的。

2）扩展分区。扩展分区不能用来存放数据，但是可以在扩展分区之上再划分可以存放数据的逻辑分区。

3）逻辑分区。逻辑分区是在扩展分区的基础上建立的，可以用来存放数据。如果要划分 4 个以上的分区，可以采用 3 个主分区 +1 个扩展分区的形式，再将扩展分区划分成多个逻辑分区。

（2）GUID 分区表 GPT。

GPT 是一种和 MBR 功能相似的更新的标准，正在逐渐取代 MBR。GPT 的分区包含了分区从哪个扇区开始的信息，这样操作系统才能知道哪个扇区属于哪个分区，以及哪个分区是可以启动的。

【例 1－6】 在磁盘上创建分区时，必须在 MBR 和 GPT 之间做出选择，那么如何选择呢？

选择 MBR 或 GPT 时，主要关注磁盘容量大小、分区的数量限制、分区信息表的安全等方面。MBR 支持最大 2TB 磁盘、最多 4 个主分区。在 MBR 磁盘上，分区和启动信息是保存在一起的。如果这部分数据被覆盖或破坏，系统将无法启动，数据将无从读取。GPT 和 BIOS 新标准 UEFI 配合使用，它没有 MBR 的对磁盘容量的限制，支持几乎无限个分区数量，若受限也是因操作系统（Windows 支持最多 128 个 GPT 分区）。GPT 在整个磁盘上保存多个分区信息的副本，因此它更为健壮。

2. 分区命名方式

Linux 是通过字母与数字的组合来标识硬盘分区的，这点不同于 Windows 系统使用类似“C 盘”或者“C:”来标识硬盘分区。Linux 的这种命名方式比 Windows 更加灵活，表达的含义也更加清晰。同时，Linux 的这种硬盘命名方式是基于文件的，具体如下：

```
/dev/hd(a-d)n、/dev/sd(a-z)n...
```

其中：

- /dev：设备文件的存放目录，固定不变。
- hd 和 sd：分区命名的前两个字母，代表该分区所在的硬盘设备类型。hd（hard

disk）表示 IDE 硬盘，sd（scsi disk）表示 SCSI 硬盘（SATA 硬盘、U 盘、移动硬盘也归为 SCSI）。

- a ～ z：分区命名的第 3 个字母，表示分区在哪个设备上。/dev/hda 代表第 1 块 IDE 硬盘（主盘），/dev/sdb 代表第 2 块 SCSI 硬盘，/dev/sdd 代表第 4 块 SCSI 硬盘，/dev/hdc 代表第 2 个 IDE 接口上的主盘，也就是第 3 块 IDE 硬盘，以此类推。
- n：分区命名的第 4 个字符，代表分区。Linux 的前 4 个分区（主分区或者扩展分区）用数字 1 ～ 4 表示，逻辑分区从 5 开始，以此类推。例如 /dev/hda2 表示第 1 块 IDE 硬盘的第 2 个主分区，/dev/sdb5 表示第 2 块 SCSI 硬盘的第 1 个逻辑分区。

3. 双系统 Windows+Linux 硬盘分区方案

Linux 和 Windows 是两个完全不同的系统。因此 Linux 的文件系统和 Windows 的文件系统是互不兼容的。如果要安装 Linux，就必须从硬盘里划分出一个分区给 Linux，不是清空某个盘符下的数据就行，而是需要把这个分区从 Windows 下删除。空间大小根据安装软件包的大小而定，一般 20GB 空间就能满足要求。

> 注意：双系统的安装需要首先安装 Windows 系统，然后安装 Linux 系统。这是因为 Linux 系统的多重引导程序 GRUB 可以识别 Windows 系统，而 Windows 的引导程序 bootmgr 不能识别 Linux。

1.2.4 常见分区

安装 Linux 时必须至少有 3 个分区：交换分区（swap 分区）、根分区（/ 分区）和启动分区（/boot）。常见分区如下：

1. 交换分区

用于实现虚拟内存，也就是说，当系统没有足够的内存来存放正在被处理的数据时，可以将部分暂时不用的数据写入交换分区。交换分区一般取物理内存的 2 倍，实际 swap 分区大小应根据具体情况而定。

2. 根分区

根分区用于存放包括系统程序和用户数据在内的所有数据。

虽然 Linux 默认只需要划分根分区和交换分区即可完成系统安装，但是不建议这么做。因为这样会导致 /boot 分区、/home 分区和 /var 分区都位于根分区下，不利于系统的安全运行。

3. 启动分区

用于存储系统的引导信息和内核等信息。系统启动时 /boot 默认以第 1 块磁盘为启动盘并尝试读取其中的启动数据来引导系统启动，如果这些数据不在第 1 块磁盘上，那么系统就会因找不到相关数据而启动失败。

4. /home

终端用户登录后进入的目录，是所有用户的家目录，存放用户的个人文件。

5. /var

用于存储系统日志信息和临时文件。

磁盘分区的创建以 /boot、swap、/home、/var、/ 的顺序进行，这样做的目的是能够更加合理地使用磁盘空间，最后创建 / 分区时就可以把剩余的全部空闲空间都分给它，避免磁盘空间浪费。

注意：对于 /boot 分区、/home 分区、/var 分区，建议在安装系统时独立分配。

【例 1－7】 安装 Linux 系统时，如何确定 swap 分区、/boot 分区、/home 分区、/var 分区以及 / 分区的大小。

swap 分区的大小建议按照表 1－1 来设置。

表 1－1 swap 分区和物理分区的关系

物理内存大小	交换分区大小
2GB 以下	物理内存的 2 倍
2 ～ 8GB	物理内存
>8GB	物理内存的一半

/boot 分区设置 500MB 就足够了；/home 分区需要根据使用 Linux 系统的普通用户的数量和用户文件的大小来确定，一般设置 1GB；/var 分区由于要存放系统日志信息和临时文件，一般设置 3GB；磁盘剩余容量都分配给 / 分区。随着系统的运行，/home、/var、/ 的剩余容量会越来越小，我们可以通过 LVM、RAID 技术来实现容量的动态扩展。

1.2.5 虚拟机简介

虚拟机（virtual machine）是指通过软件模拟的具有完整硬件系统功能的、运行在一个完全隔离环境中的逻辑计算机系统。通过虚拟机可以将一台物理计算机模拟成若干台相互独立的逻辑计算机，实现在一台物理计算机上安装多个操作系统，并可以切换使用，方便用户进行实验操作。

使用虚拟机软件，一方面可以很方便地搭建各种网络资源，为实验奠定基础；另一方面可以保护物理计算机（也称为宿主机），尤其是在完成一些诸如磁盘分区、格式化、安装系统的操作时，避免对物理计算机的影响。

但是由于虚拟机将若干台虚拟出来的逻辑计算机集中在一台物理计算机上，所以对物理计算机的硬件要求较高，主要是 CPU、内存和硬盘。虚拟机的磁盘一般使用物理计算机目录中的文件来模拟，内存直接使用物理计算机的一部分内存。

目前，常用的虚拟机软件主要有 VMware、Virtual PC 和 VirtualBox，本书选用的是 VMware workstation pro 15.5（简称 VMware），因此下面主要介绍 VMware。

对于企业的 IT 开发人员和管理员来说，VMware 在虚拟网络、实时快照、拖曳文件夹、支持 PXE 等方面的特点使其成为工作中必不可少的工具。

VMware 网络设置提供了 3 种工作模式，分别是 bridged（桥接模式）、NAT（网络地址转换模式）和 host-only（仅主机模式）。

1. bridged

这种模式最为简单，直接将虚拟网卡桥接到一个物理网卡上，当物理计算机存在多个物理网卡时，可以通过 VMware 软件中的菜单【编辑】→【虚拟网络编辑器】来配置。桥接类似于一个网卡绑定两个不同的 IP 地址。此种模式下，虚拟机内部网卡直接连接到物理网卡所在的网络上，就像连接在一个 hub 上的两台计算机，上网时使用物理网卡进行转接。

2. NAT

使用网络地址转换模式，就是让虚拟系统借助 NAT 功能，通过宿主机所在的网络来访问 Internet。NAT 最大的优点是虚拟系统接入互联网非常方便，用户不用进行任何其他配置，只要确保宿主机能够访问互联网即可。在这种模式下，虚拟机的 TCP/IP 配置信息通过 VMnet8 虚拟网络的 DHCP 服务器来动态分配。如果用户想利用 VMware 安装一个新的虚拟机系统，并且在虚拟系统中不用进行任何手动配置就能够访问互联网，建议采用 NAT 模式。

3. host-only

在某些特殊的网络调测环境中，要求将真实环境和虚拟环境隔离，这时可以采用仅主机模式。在仅主机模式中，所有的虚拟系统是可以相互通信的，但是虚拟机和宿主机的网络是被隔开的，相当于两台机器通过双绞线连接。在这种模式下，虚拟系统的 TCP/IP 配置信息（IP 地址、网关地址、DNS 服务器地址等）都是由 VMnet1 虚拟网络的 DHCP 服务器来动态分配的。如果想创建一个与网络内其他机器相隔离的虚拟系统，以进行某些特殊的网络调测工作，可以选择 host-only 模式。这种模式下，虚拟机不可以上互联网。

【例 1－8】 bridged、NAT 和 host-only 这 3 种模式下如何配置宿主机和虚拟机的 IP 地址信息?

VMware 虚拟机软件安装成功后，会自动在宿主机上创建 2 个虚拟网卡，分别是 VMnet1（和 host-only 模式对应）和 VMnet8（和 NAT 模式对应）。

虚拟机的网络如果采用桥接模式，那么虚拟机网卡 IP 地址必须要和宿主机物理网卡 IP 地址在同一个网段上，才能实现相互通信和上网。

如果采用仅主机模式，那么虚拟机网卡和宿主机的 VMnet1 网卡可以通过虚拟机提供的 DHCP 服务器来自动获取 IP 地址，虚拟机之间以及虚拟机和宿主机之间可以相互通信，但是不可以上互联网。

如果采用网络地址转换模式，那么虚拟机网卡 IP 地址和宿主机的 VMnet8 网卡可以通过 DHCP 服务器来自动获取 IP 地址，虚拟机之间以及虚拟机和宿主机之间可以相互通信，同时还可以上互联网。

项目实训

一、实训主题

在虚拟机 VMware workstation pro 15.5 中安装 CentOS Linux 8.2。

二、实训分析

1. 操作思路

要在虚拟机中安装 CentOS Linux，首先需要安装 VMware 虚拟机软件，然后在 VMware 中新建一个虚拟机，最后在该虚拟机中安装 CentOS Linux。

2. 所需知识

（1）VMware 虚拟机安装与基本配置。

（2）Linux 下磁盘分区及命名。

三、实训步骤

1. 安装及配置 VMware workstation pro 15.5

安装 VMware 比较简单，按照提示进行即可，安装完成后需要重启计算机。另外，还需要将 BIOS 中的 CPU 虚拟化技术打开，否则安装虚拟机时会提示错误。

【步骤 1】新建虚拟机。安装 CentOS 前，需要运行 VMware，选择【文件】→【新建虚拟机】，出现如图 1－3 所示的对话框，选择【自定义】，单击【下一步】按钮。

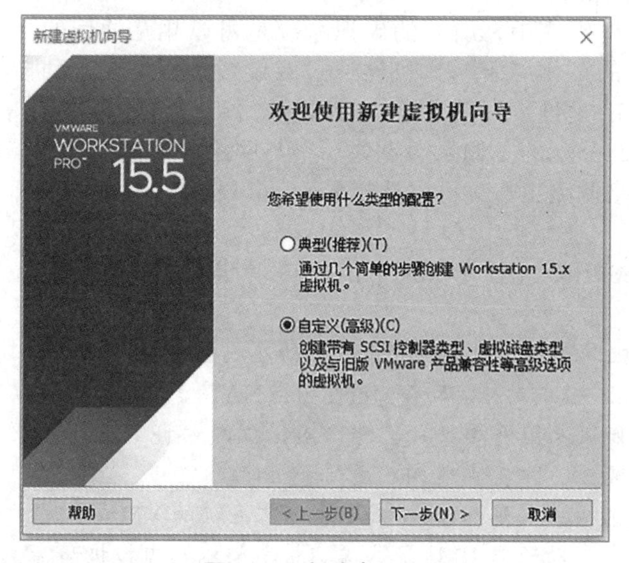

图 1－3　新建虚拟机

【步骤 2】选择虚拟机硬件兼容性。要注意 CentOS 不同版本对硬件兼容性的需求不同，如果版本较旧，兼容性可以选择 workstation 12.x 以下，由于我们安装的是较新的 CentOS 版本，所以选取 VMware 支持的新的硬件 workstation 15.x。

【步骤 3】选择安装镜像。把“安装程序光盘镜像文件”一栏的内容替换成 CentOS 安装镜像所在的文件目录即可，安装镜像文件的后缀为 .iso。

【步骤 4】填写安装信息。填写一个安装时使用的用户名和密码。

【步骤 5】命名虚拟机。给要创建的虚拟机提供一个名称和创建位置，位置建议不要设置为 C 盘，路径名建议不要出现中文。

【步骤 6】处理器配置。使用默认值即可

【步骤 7】虚拟机内存配置。参考表 1－1 进行配置。

【步骤 8】网络类型选择。根据需要选择 bridged、NAT 或者 host-only。

【步骤 9】选择 I/O 控制器和磁盘类型。使用默认值即可。

【步骤 10】选择磁盘和指定磁盘容量。使用默认值即可。

【步骤 11】指定磁盘文件。使用默认值即可。

【步骤 12】注意不要选择“创建后开启此虚拟机”选项。单击【完成】按钮。

【步骤 13】删除自动配置文件。到新创建的虚拟机目录下，删除 autoinst.iso 文件。否则重启虚拟机时，会自动安装，不需要用户进行环境配置。

至此，CentOS 虚拟机创建完成。

2. 安装 CentOS Linux 8.2

【步骤 1】系统引导。

（1）在 BIOS 中设置从 DVD-ROM 启动，把光盘放入光驱，出现如图 1－4 所示的启动界面。可以看到 CentOS 安装过程有 3 个启动选项，具体如下：

1）Install CentOS Linux 8（安装 CentOS 8）。

2）Test this media & install CentOS Linux 8（测试安装介质并安装 CentOS），主要用于防止光盘安装过程中出现介质错误，从而导致的无法读出问题。

3）Troubleshooting（故障修复）。如果出现 Linux 系统启动不了或者 root 用户（超级用户）忘记密码等问题，可以使用此选项进行系统修复，需要安装光盘的支持。

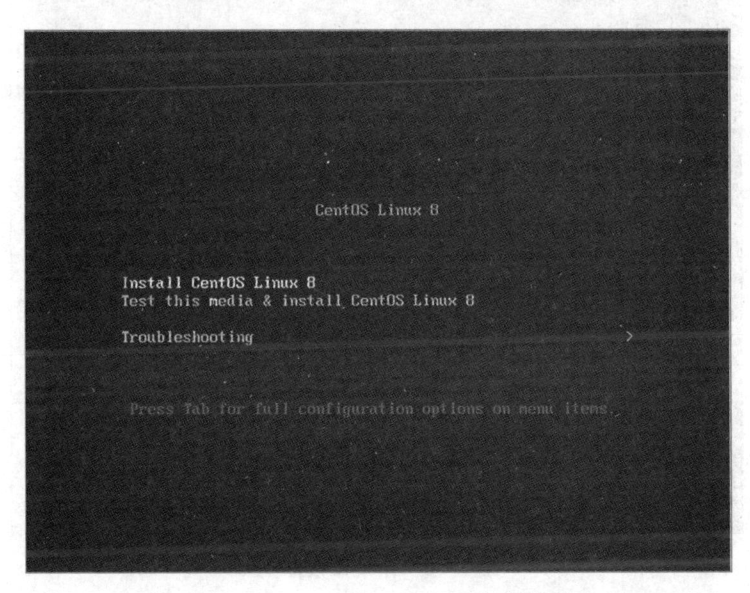

图 1－4　CentOS Linux 8 启动界面

（2）选择 Install CentOS Linux 8，直接按回车键即可，选择图形安装方式，系统开始安装初始化工作，然后进入如图 1－5 所示的界面。此步骤用于选择安装过程中的语言，建议选择“简体中文（中国）”，单击【继续】按钮进入下一个安装界面。

（3）系统安装总览如图 1－6 所示。从图中可以看出，安装过程可分为 3 大部分，依次是本地化、软件和系统。本地化安装主要包含时间和日期设置、键盘设置和语言支持设置；软件安装包含安装源和软件选择两个部分；系统安装包含磁盘分区、内核崩溃转存、网络设置和安全策略 4 个部分。

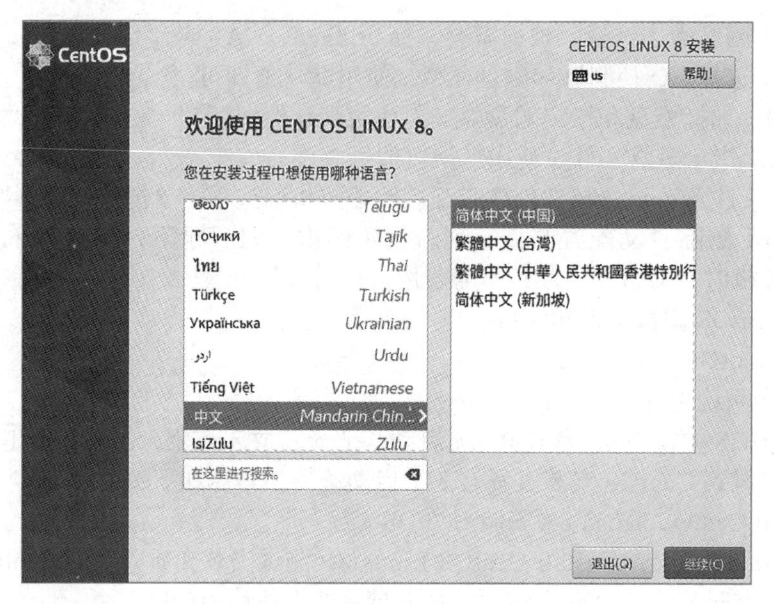

图 1－5 安装过程语言选择

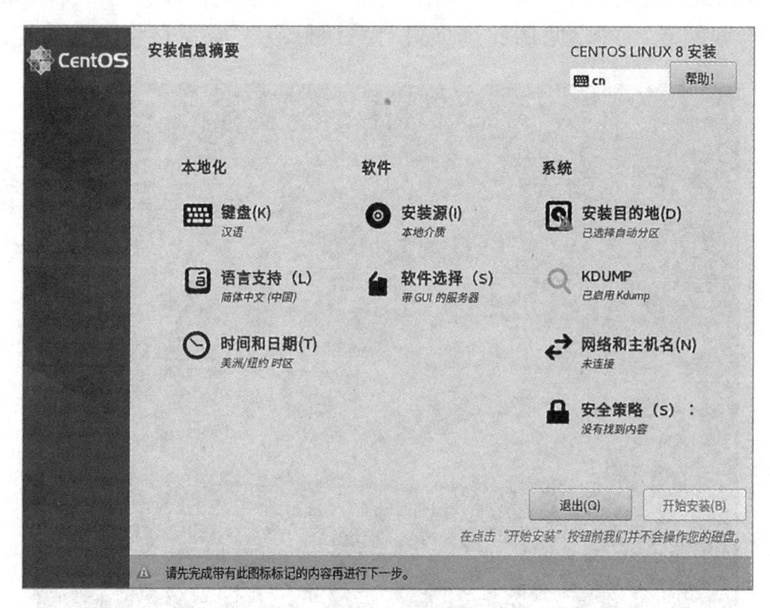

图 1－6 系统安装总览

【步骤 2】本地化设置。

（1）单击如图 1－6 所示的界面中的【时间和日期】选项即可进行系统时区、时间的选择，如果在中国，地区选择“亚洲”，城市选择“上海”。单击左上角的【完成】按钮。

（2）在图 1－6 所示的界面中，【键盘】选项保持默认即可。接着单击【语言支持】选项，选择需要安装的其他语言支持，可以根据自己的需求选择语言包，这里选择简体中文附加语言包，单击左上角的【完成】按钮，返回图 1－6 所示的界面。

【步骤 3】软件安装设置。

（1）由于 Linux 有多种安装方式，因此这里可以选择多种安装源。在图 1－6 所示的界面中单击【安装源】选项即可进入系统安装源配置界面。由于这里是通过光驱方式安装系统，因此保持默认选项即可，单击左上角的【完成】按钮，返回如图 1-6 所示的界面。

（2）在图 1-6 所示的界面中，单击【软件选择】选项即可进入软件包安装选择界面，如图 1-7 所示。

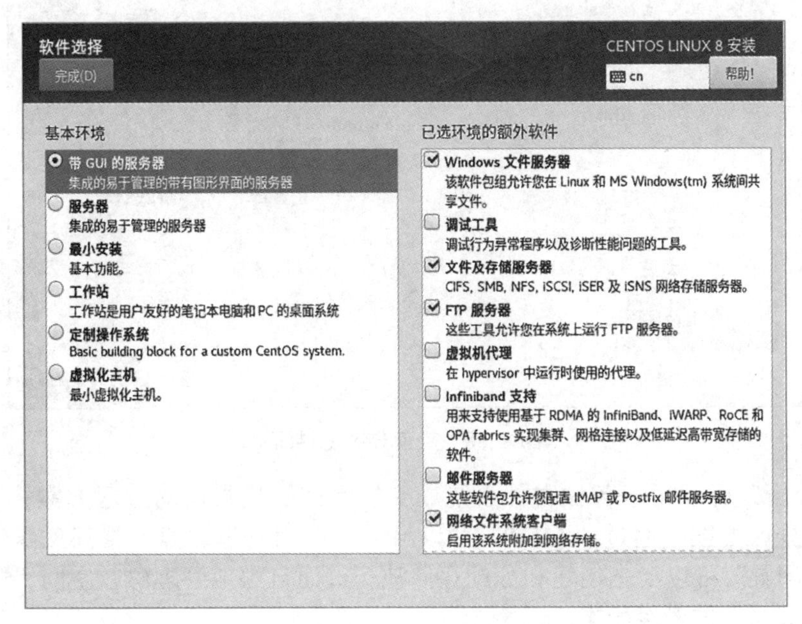

图 1-7　软件包安装选择界面

关于软件的选择，一般遵循如下规则：

1）如果要在 Linux 上搭建应用服务器，可以选择“服务器”，此环境提供了常用应用服务器的一些软件。

2）如果要在 Linux 上进行程序开发，建议选择“工作站”，此环境提供了开发所需的软件、硬件、图形工具等。

3）如果只是需要一个 Linux 环境，可以选择“最小安装”，此环境仅仅安装 Linux 系统必需的基础软件。

4）如果要在 Linux 上运行虚拟化程序，可以选择“虚拟化主机”，此环境包含了运行虚拟化程序必需的软件和应用。

5）如果要搭建一个 Linux 服务器，建议选择“带 GUI 的服务器”，此环境包含了基础的网络服务设施以及 GUI 桌面。

【步骤 4】系统安装设置。

（1）进入磁盘分区阶段。在图 1-6 所示的界面中，单击【安装目的地】选项即可进入磁盘分区阶段，如图 1-8 所示。可以看到一个硬盘 sda，大小为 20GB。

（2）分区的时候，建议采用“自定义”方式，也就是手动分区。选择完成后，单击左上角的【完成】按钮。

（3）选择手动分区后，还需要选择分区方案。可用的分区方案有“标准分区”、“LVM”和“LVM 简单配置”。

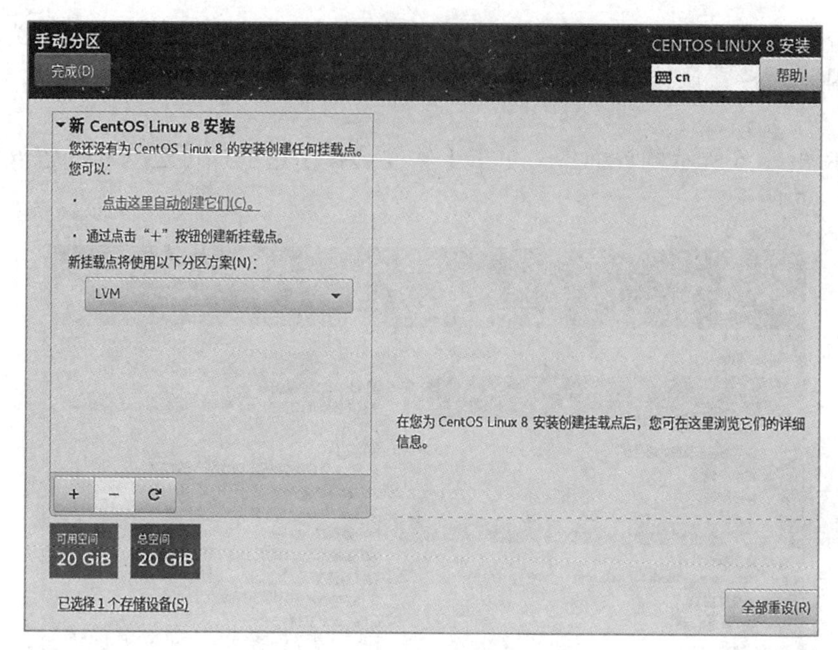

图 1－8　磁盘分区主界面

“标准分区”可以用于各种文件系统或交换空间，是常用的分区方案；“LVM”是逻辑卷管理分区方案，通过“LVM”可以灵活地使用物理磁盘，提高磁盘性能；选择“LVM 简单配置”可以动态创建和分配存储池，进而自由地管理磁盘空间，“LVM 简单配置”是“LVM”的升级版本。

这里选择“标准分区”。添加分区之前需要创建挂载点，单击左下角的【＋】按钮即可创建一个挂载点。对于创建的挂载点，需要设置两项内容：第一项是挂载点，即目录；第二项是期望容量，也就是分区大小，默认单位为 MB。

（4）依次添加挂载点为 /boot 的引导分区、swap 交换分区、/home 应用分区、/var 日志分区和根分区 /，根分区大小不用填（默认使用剩余所有空间）。

分区完成后将显示分区方案，如图 1－9 所示。单击左下角的【＋】按钮即可添加分区，单击【－】按钮即可删除分区。在左侧窗格中单击挂载点，即可在右侧窗格中进行修改，包括：编辑挂载点、修改分区大小、选择设备类型、选择文件系统类型、自定义标签的选项，以及是否加密或重新格式化相应分区等。

关于文件系统的选择，默认是 xfs，还有 swap、vfat、BIOS boot、ext2、ext3、ext4、xfs 共 7 种类型可选。

其中“ext2、ext3、ext4”是 Linux 系统主流的文件系统，RHEL/CentOS 7 之前的版本中默认都采用 ext 系列文件系统；vfat 文件系统对应 Windows 的 FAT32 文件系统；swap 是 Linux 系统里的交换分区；BIOS boot 主要用于系统引导设备，是一个非常小的分区；xfs 是高扩展性、高性能的文件系统，单个文件系统最大可以支持 8EB，单个文件最大可达到 16TB，并提供了丰富的日志系统，因此 xfs 是应对大数据存储的强大的文件系统。

标签选项是磁盘分区对应的一个标签，通过标签可以快速识别分区。该选项可填也可不填，默认为空。

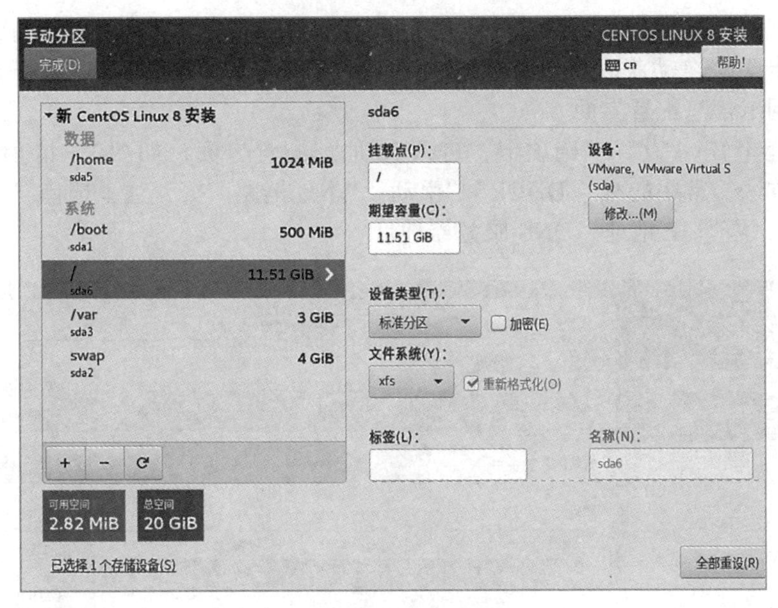

图 1－9　创建分区后的界面

挂载点一旦建立起来，对应的磁盘标识也就固定下来了，无法修改，除非删除分区后重新建立。

所有设置完成后，单击左上角的【完成】按钮，在出现的窗口中单击【接受更改】按钮。

【步骤 5】配置网络。

在图 1－6 所示的界面中，KDUMP（Kernel 崩溃时的转储机制，主要用来调测内核和相关软件）选项默认处于启用状态，保持启用即可。

（1）单击【网络和主机名】选项，即可进入网络设置界面，如图 1－10 所示。

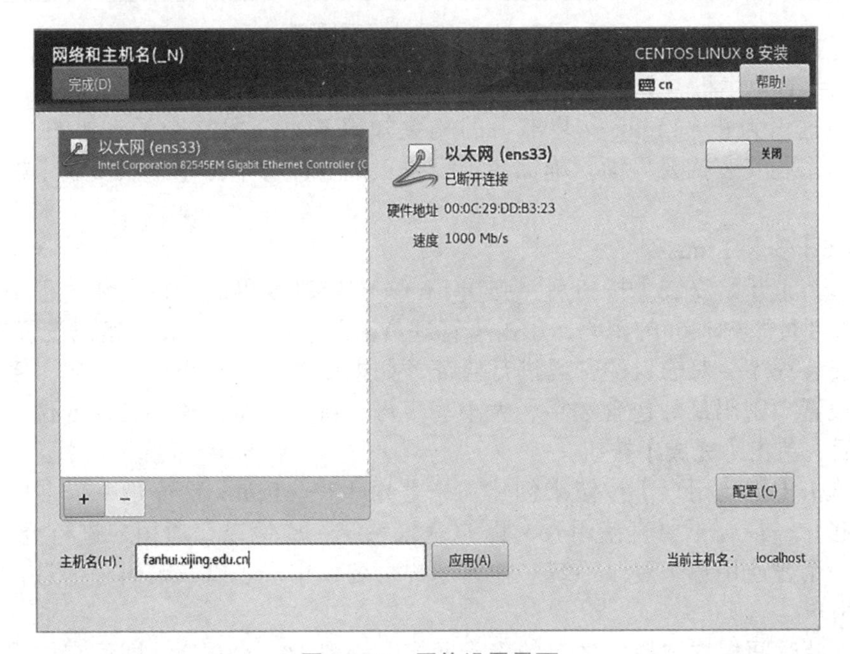

图 1－10　网络设置界面

默认情况下，网卡处于断开状态，可单击右上角的【启用 / 关闭】按钮将网卡激活。激活后的网卡无法自动获取 IP 地址，需要手动设置 IP 地址信息。单击右下角的【配置】按钮，进入网卡信息配置界面。

（2）选择【 IPv4 设置】选项卡，进入 IP 地址配置界面，如图 1－11 所示。首先选择网络连接方法，常用的有“DHCP”“手动”“本地链路”等，这里选择“手动”。单击【添加】按钮，添加 IP 地址、DNS 服务器地址。

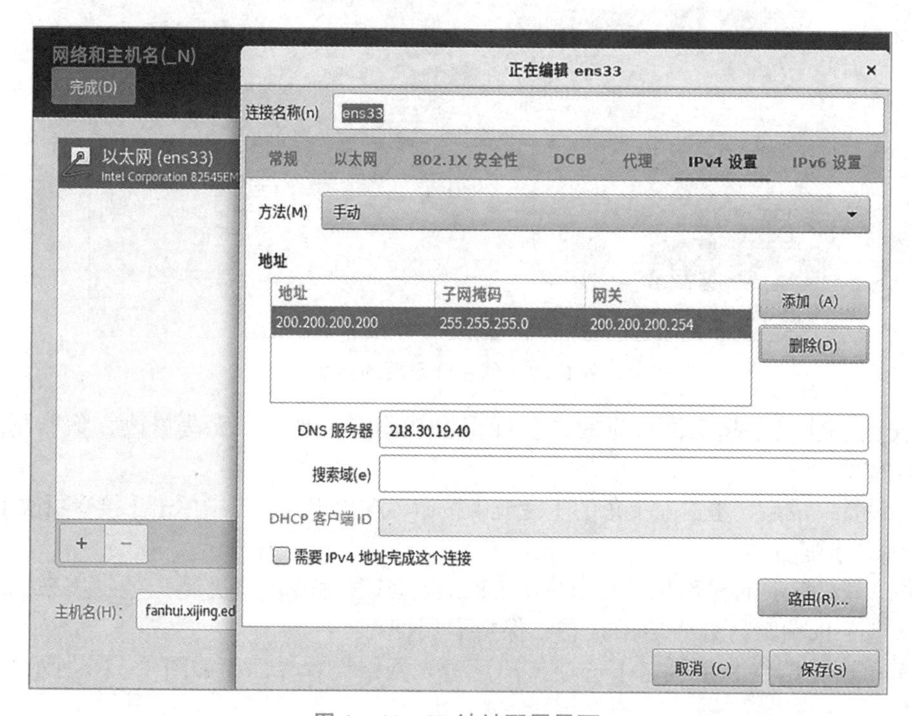

图 1－11　IP 地址配置界面

还可以设置【主机名】信息，建议服务器的主机名采用域名形式。

（3）到这里为止，Linux 安装准备的相关知识基本介绍完毕了。如图 1－6 所示为设置完成的系统安装摘要界面，确保各项设置正确，即可单击【开始安装】按钮来安装 Linux。

【步骤 6】安装 Linux。

（1）单击【开始安装】按钮后，弹出 Linux 安装进度界面。在安装过程中，需要设置 Linux 管理员账户 root 的密码，单击【管理员密码】选项进入 root 密码设置界面。

（2）安装程序会对输入的密码进行验证，如果设置了过于简单的密码，系统将提示用户重新设置，密码最好包含数字、大小写字母、特殊字符，最小长度 6 位。重复输入两次密码后，单击【完成】按钮。

（3）单击【创建用户】按钮来创建一个普通用户。Linux 系统是一个多用户操作系统，安全起见，最好不要直接用 root 账户登录系统，应该以普通用户进行登录。因此，需要创建一个普通用户来登录系统。输入用户全名、用户名以及密码等信息，即可创建一个普通用户。

（4）安装时间根据选择软件包的多少而定，一般 10 ～ 30 分钟即可完成安装。安装完成后，单击【重启】按钮重启系统。

【步骤 7】首次配置与登录系统。

（1）服务器重新启动后，会自动进入启动引导界面，有两个引导选项：第 1 个是引导程序；第 2 个是进入救援模式的引导程序。默认选择第 1 个，然后按回车键进入启动过程。

（2）首次启动 Linux 系统时，系统会出现【初始设置】对话框，需要进行一些基本的配置。选择“我同意许可协议”，如果想从官网上接收更新软件包，可以选择“注册系统”。

（3）默认情况下，启动过程背后隐藏着一个显示进度条的图形界面。如果没有安装图形界面，那么默认将进入字符界面。如果安装了图形界面，则会自动启动图形界面。单击用户名，输入密码即可登录系统。如果需要以其他用户登录，可以单击【未列出】按钮，输入登录的用户名和密码，即可切换用户身份登录系统。

（4）通过图形界面登录系统之后，会弹出 Welcome 语言选择对话框，要求用户设置系统默认语言，选择“汉语”，单击【前进】按钮进入下一对话框。

（5）在打开的【输入】对话框中选择“汉语”，单击【前进】按钮进入【隐私】对话框，再次单击【前进】按钮进入【在线账号】对话框，直接单击【跳过】按钮。

至此，初始化过程全部结束，系统可以正常使用了。

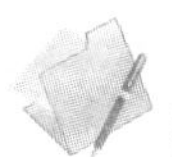

技能检测

一、选择题

1. 以下关于 Linux 内核版本的说法，错误的是（　　）。

   A. 1.5.6 表示稳定的发行版本

   B. 2.2.8 表示对内核 2.2 的第 8 次修改

   C. 1.2.4 表示稳定的发行版本

   D. 依次表示主版本号 . 次版本号 . 修改次数

2. 与 Windows 相比，Linux 在哪个方面应用得较少？（　　）

   A. 集群　　　　B. 嵌入式系统

   C. 服务器　　　D. 图形窗口

3. 关于 shell 的说法，不正确的是（　　）。

   A. 一个命令语言解释器

   B. 操作系统的外壳

   C. 用户和 Linux 内核之间的接口

   D. 一种和 C 语言类似的高级程序设计语言

二、简答题

1. 简述开源软件、自由软件与免费软件的异同。
2. 比较 Linux、UNIX 和 Windows 的使用场合和优缺点。
3. 查询资料，简述 android 和 Linux 的关系。
4. Linux 分为内核版本和发行版本，它们之间有什么区别？各代表什么意思？

5. Linux 和 UNIX 各有什么特点？两者之间有什么联系？

6. 请写出电脑里的第 1 块 SATA 硬盘的第 3 个主分区和第 2 个逻辑分区所对应的设备文件。

7. 请解释 /dev/sdb3，/dev/sda8，/dev/had1 的含义。

8. 假设电脑的物理内存为 8GB，一个 SATA Ⅱ 硬盘的容量为 1TB，现在需要安装 Windows 10 和 CentOS 7，请规划硬盘分区方案。

项目 2

系统管理

项目导读

本项目将结合常用的字符界面详细讲解 shell 命令的一般格式和常用系统管理命令的使用。通过本项目的学习，同学们能够对 Linux 发行版本进行一些基本的系统管理类操作。

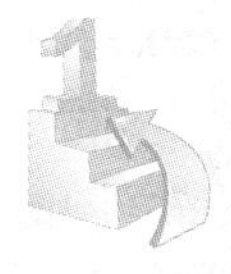

学习目标

- 了解字符界面和图形界面的优缺点。
- 掌握启动时字符界面和图形界面的配置方法。
- 掌握 shell 命令的一般形式。
- 掌握系统管理类命令的使用方法。

课程思政目标

遵守计算机行业的规范和职业道德，依法依规使用计算机系统，不利用掌握的计算机专业知识从事非法活动。

任务 2.1　认识两种界面

2.1.1　图形界面

在桌面图形系统方面，Linux 在整体上虽比不上 Windows 图形系统，但有些功能还是可以与 Windows 相媲美的。Windows 将桌面系统作为内核的一部分，而 Linux 只是将桌面系统作为一个独立的应用程序。

目前，在 Linux 系统下的图形系统主要有 X Window、GNOME 和 KDE 这 3 种，它们各有特点，用户可以根据自己的需要选择合适的图形系统。

1. X Window 图形系统

X Window 是由美国麻省理工学院（MIT）在 1984 年开发的一套便携式的图形系统，为 UNIX 或 UNIX 兼容操作系统提供了完整的图形化界面。

X Window 系统主要由 X Window 服务器（X Server）、X Window 客户端（X Client）和 X Window 协议 3 部分组成。

X Window 协议是实现可移植桌面系统的关键，它建立在常用传输协议（TCP/UDP、IPX/SPX 等）之上，可以让一台计算机的 X Window 桌面显示在网络上的另一台计算机上。

用户通过键盘或鼠标对 X Server 下达操作命令，X Server 传递用户的操作信息给 X Client，X Client 根据操作信息执行系统的程序，之后，X Client 将处理结果传回 X Server，X Server 将处理结果数据显示在屏幕上。

2. GNOME 图形系统

经过长期发展的 GNOME（the GNU Network Object Model Environment，GNU 网络对象模型环境）图形系统给用户构造了一个功能完善、操作简单以及界面友好的桌面环境。

GNOME 图形系统属于开源、自由的软件，是为 Linux 或类似 UNIX 的操作系统提供的图形系统组件。GNOME 图形系统可以运行在 Linux、Solaris 及 HP-UX 等系统上。GNOME 应用程序包含面板、桌面及一系列的标准桌面工具，具有强大的功能，并且这些应用程序之间能够有序运行。GNOME 使用的是完全遵循 GPL 的 GTK 图形界面库。

3. KDE 图形系统

KDE（Kool Desktop Enviroment，K 桌面环境）图形系统是一种运行于 UNIX/Linux 及 FreeBSD 操作系统下的图形系统。KDE 采用 Qt 程序库，并集成浏览器、办公软件和下载软件等多种应用软件。Qt 是一个不遵循 GPL 开源协议的、跨平台的 C++ 图形用户界面库。

CentOS 7 将 GNOME 3 作为默认桌面环境，将 KDE 4.10 作为备选桌面环境。

最底层的 X Server 主要处理输入 / 输出信息并维护相关资源，它接受来自键盘、鼠标的操作并将信息交给 X Client 来处理并做出反馈，而由 X Client 传回的输出信息也由它来负责输出。最上层的 X Client 则提供一个完整的 GUI 界面，负责与用户的直接交互（KDE、GNOME 都是一个 X Client）。

CentOS 默认的图形界面就是 GNOME。

2.1.2 字符界面

Linux 与 UNIX 操作系统类似，在字符界面下使用相关的 shell 命令就可以完成操作系统的所有任务。而图形化用户界面的出现，为用户提供了简单易用的操作平台。虽然图形化用户界面比较简单，但是通过字符界面工作也是十分常见的。主要原因如下：

（1）目前，图形化用户界面还不能完成所有的系统操作，部分操作仍然要在字符界面下进行。

（2）字符界面占用的系统资源较少、速度快。

（3）字符界面操作更加直接、高效。对 Linux 服务器的维护基本上是在命令行界面下进行的。字符界面也称为虚拟终端或者虚拟控制台。操作 Windows 计算机时，用户使用的是真实的终端。而 Linux 具有虚拟终端功能，可为用户提供多个互不干扰、独立工作的工作界面。操作 Linux 计算机时，用户面对的虽然只是一套物理终端，但是可实现多个终端的操作。

Linux 的虚拟终端默认有 6 个，默认启动界面为图形界面时，终端号 2 ～ 6 为字符界面，1 为图形界面。当默认启动界面为字符界面时，终端号 1 ～ 6 都为字符界面。每个终端相互独立，用户可通过相同的或不同的账号登录各终端服务器，虚拟终端之间可以相互切换。

在 GUI 界面下按【Ctrl+Alt+Fn】组合键可以切换到第 *n* 个终端（$1 \leqslant n \leqslant 6$）。在字符界面下按【Alt+Fn】组合键可切换到第 *n* 个终端，输入“startx”可以切换到 GUI 界面。

用户可通过两种方式登录 Linux 系统，即字符界面方式和图形界面方式，每一种方式又分为本地登录和远程登录两种模式。推荐使用字符界面登录方式。字符界面和图形界面的比较见表 2－1。

表 2－1　字符界面和图形界面的比较

项目 / 界面	字符界面	图形界面
接口界面	黑白字符	图形
功能	可完成全部功能	可完成部分功能
计算机资源消耗	少	多
效率	高	低
默认虚拟终端数	6	1
规范性	与发行版关联较少	与发行版关联较多

下文的 shell 命令都是通过图形界面 GNOME 下的终端来完成的。

【例 2－1】　如何确定使用哪种界面？

使用哪种界面取决于用户平时所从事的工作和对 Linux 系统的熟悉程度，如果日常主要将 Linux 设为大型应用服务器（WEB 服务器、流媒体服务器、DHCP 服务器等）的操作系统，那么就选择字符界面，因为操作速度快；如果是在 Linux 下进行图形应用程序开发或者初学 Linux，那么就选择图形界面，这样易于操作。

任务 2.2　初识 shell 命令

2.2.1　shell 概述

shell 的本义是“壳”，介于系统内核与用户之间，相当于系统内核与用户间的桥梁，shell 为用户提供操作机器的交互接口，它既是一种程序设计语言，又是一种命令解释程序。作为命令解释程序，shell 解释用户输入的命令，然后提交到内核处理，最后把处理结果反馈给用户。

1977 年，用 C 语言开发的 Bourne shell 在美国贝尔实验室诞生，它的诞生为其他派生的 shell 奠定了基础，推动了 Korn shell（ksh）、Almquist shell（ash）和具有影响力的 Bourne Again shell（Bash）的开发。

Bourne Again shell 属于开源的 GNU 项目，旨在替换 Bourne shell，目前已被广泛用在

Linux、Darwin 及 Windows 等系统上。现在的 Linux 发行版一般以 bash 作为默认的 shell。

在 Linux 系统下的 shell 是用户与系统内核交流的接口，负责将用户执行的命令翻译成机器码后送到系统的内核执行，并将执行结果返回。shell 为用户提供了一种启动程序、管理文件系统中的文件以及管理运行在系统上的进程的方式。

shell 命令的解释程序是 Linux 系统为用户提供的最重要的系统程序之一，但 shell 并不属于系统内核的组成部分，而是在系统内核之外，并以用户态的方式运行。

2.2.2 命令分类

shell 命令根据执行方式分为内置命令和外部命令。

内置命令主要是频繁使用的命令，当用户登录系统后，shell 以及内置命令就被系统载入内存，并且一直运行，直到用户退出系统为止。使用内置命令主要是为了加快命令的运行速度，同时更有效地定制 shell 程序。

外部命令在被调用时才由系统装入内存并执行，外部命令主要是可执行文件。

内置命令常驻内存，外部命令保存在磁盘上。

对于 Linux 系统下的内置命令和外部命令，使用“type 命令名”命令来辨别。

例如，使用 type 命令来验证 cd 和 date 命令，代码如下：

```
[root@localhost test]#type cd
cd is a shell builtin
[root@localhost test]#type date
date is/bin/date
```

输出结果显示，cd 命令属于系统的一个内置命令，date 是外部命令。

对于外部命令，可以通过 file 命令来显示详细信息，代码如下：

```
[root@localhost test]#file/bin/date
/bin/date: ELF 64-bit LSB executable, x86-64, version 1 (SYSV), dynamically linked (uses shared libs), for GNU/Linux 2.6.32, BuildID[sha1]=953fcb642c69fd127e5b566b05245747
d3016deb, stripped
```

可以看出 date 是一个可执行的外部命令。

003 shell 命令执行

2.2.3 命令语法分析

Linux 下的各种 shell 的主要区别在于命令行的语法。对于一些普通的命令，各个 shell 版本的语法基本相同，只有在编写一个 shell 脚本或者使用一些 shell 高级特性时，各个版本 shell 的差异才会显现出来。

shell 的语法分析是指 shell 对命令的扫描处理过程，也就是把命令或者用户输入的内容分解成要处理的各个部分的操作过程。在 Linux 系统下，shell 语法分析包含很多内容，如重定向、文件名扩展、输入输出重定向和管道等。

本节以 bash 为例，介绍 shell 命令的语法分析。

1. shell 命令提示符

成功登录 Linux 后将出现 shell 命令提示符：

```
[root@localhost ~]#
```

依次表示：当前登录用户名、主机名、目录名、提示符。

主机名默认为 localhost；用户的主目录为 ~，其中 root 用户主目录为 /root，普通用户主目录为 /home/ 用户名；关于提示符，root 为“#”，普通用户为“$”。

004 shell 命令格式

2. shell 命令格式

用户通过字符终端登录系统后，shell 命令行启动。shell 命令遵循一定的语法格式将用户输入的命令进行分析解释并传递给系统内核执行。shell 命令的一般格式如下：

```
命令名 [ 选项 ] [ 参数 ]
```

其中：

- 命令名：描述该命令功能的英文单词或缩写，如管理系统时间的 date 命令，切换目录的 cd 命令等。命令 cd 就是 change directory 的缩写。
- 选项：执行该命令的限定参数或者功能参数。同一命令采用不同的选项，其功能各不相同。选项可以有一个，也可以有多个，甚至还可能没有。选项通常以“-”开头（UNIX 风格），当有多个选项时，可以仅使用一个“-”，如 ls -la 命令。部分选项以“--”开头（GNU 风格），这些选项通常是一个单词，如 diff --text a b。另外，选项前面还可以没有“-”(BSD 风格)，如 ps aux 命令。
- 参数：执行该命令所必需的对象，如文件、目录等。根据命令的不同，参数可以有一个，也可以有多个，甚至没有。如 mv myfile.txt myfile.txt.bak 和 ls 命令等。

当参数数目不够时，shell 就会给出错误提示。

（1）命令以回车键结束，并且区分大小写。

（2）在 shell 命令行中，还可以输入多个命令，用分号“;”将各个命令分开。如：

```
[root@localhost ~]#ls -al;cp old.txt new.txt
```

相反，也可以在多行中输入一个命令，用续行符“\”将命令持续到下一行。

（3）查看一个命令的帮助信息使用参数 --help，或者使用 man 命令名。

注意：如果一个命令语法内容没有输入完整就按下了回车键，那么系统会以“>”提示用户继续输入，这时只需要继续输入剩余内容即可。

【例 2－2】 shell 命令众多，如何才能记住命令？

所有的 shell 命令的命令名或者选项，要么是一个完整的单词，要么是几个单词的缩写。要想记住，必须要知道这些单词或者缩写的含义，平时注意提高英语水平，否则只能死记硬背了。

任务 2.3 使用系统管理命令

2.3.1 systemctl 命令

systemctl 是一个 systemd 工具，主要负责控制 systemd 系统，完成对服务的管理。

systemd 在系统中是一个用户级的应用程序，它大幅提高了系统服务的运行效率，配置文件位于 /etc/systemd 目录下，配置工具命令位于 /bin、/sbin 这两个目录下，备用配置文件位于 /usr/lib/systemd 目录下。在 systemd 中通常将服务称为“单元”，systemd 单元中包含系统服务、文件系统挂载点、硬件设备、目标、进程组、快照、定时器等。

005　systemd 简介

systemd 中的单元（unit）是由文件控制的，称为单元配置文件，告诉 systemd 如何启动这个单元。systemd 默认从目录 /etc/systemd/system/ 中读取配置文件，该目录中存放的大部分文件都是符号链接，指向目录 /usr/lib/systemd/system/，真正的配置文件存放在该目录。

需要注意的是：目录 /etc/systemd/system/ 中的单元配置文件优先级大于目录 /lib/systemd/system 中的同名配置文件。目标 target 一般是由多个单元 unit 组成的组。

systemd 提供了一个非常强大的命令行工具 systemctl，可以实现查看、启动、停止、重启、启用或者禁用系统服务。

1. 启动、停止、重启服务

命令格式如下：

```
systemctl start | stop | restart 服务单元
```

其中，start 表示启动服务，stop 表示停止服务，restart 表示重启服务。如果服务不在运行中，则启动它，如果服务在运行中，则重启服务。同时，也可以使用 reload 选项，它会重新加载配置文件。服务单元以“.service”文件扩展结尾，并提供了初始化脚本管理服务。

2. 查看、禁止、开机启动、是否开机启动、启动失败以及所有开机启动的服务

命令格式如下：

```
systemctl status | disable | enable |is-enabled 服务单元 | --failed | --all
```

其中，status 表示查看服务运行状态，disable 表示开机时禁用服务，enable 表示开机自启动服务，is-enabled 表示服务是否开机启动，--failed 表示启动失败的服务，--all 表示所有启动服务。

3. 系统运行级别

在 RHEL 7.x/CentOS 7.x 版本之前的系统中，通常有 7 种运行级别，这些运行级别均在 /etc/initab 文件中指定，通过查看该文件中是否含有“ initdefault”选项来启动一个默认的运行级别。

每个 Linux 发行版本对运行级别的定义都不太一样。但 0、1、6 这 3 个级别取得了共识，含义如下：

- 0：关机模式。
- 1：单用户模式，该模式下只有系统管理员可以登录。
- 6：重启模式，也就是关闭所有运行的进程，然后重新启动系统。

另外 4 个运行级别，RHEL/CentOS 发行版的定义如下：

- 2：多用户模式，不支持文件共享 NFS。
- 3：完全多用户模式，支持 NFS 服务。这是最常用的用户模式，默认登录到系统的字符界面。
- 4：基本不用的用户模式，可以实现某些特定的登录请求。

- 5：完全多用户模式，默认登录到 X Window 系统，也就是登录到 Linux 图形界面。

在 RHEL/CentOS 7.x 版本中，由于采用了 systemd 管理体系，因此以前运行级别 runlevel 的概念被新的运行目标 target 所取代，比如原来的运行级别 3 对应新的多用户目标"multi-user.target"，原来的运行级别 5 对应"graphical.target"。因为 systemd 机制中不再使用 runlevel 的概念，所以 /etc/inittab 也不再被系统使用。

查看系统默认 target 的命令如下：

```
systemctl get-default
```

如果要启动某个 target 使用如下命令：

```
systemctl isolate target 名称
```

更改默认运行级别（target）可以使用如下命令：

```
systemctl  set-default  target 名称
```

要查看运行级别与 target 的对应关系，可以执行如下命令：

```
ls -l /usr/lib/systemd/system/runlevel*.target
```

执行结果如下：

```
[root@localhost ~]# ll /usr/lib/systemd/system/runlevel*.target
lrwxrwxrwx. 1 root root 15 Aug 24 09:20 /usr/lib/systemd/system/runlevel0.target -> poweroff.target
lrwxrwxrwx. 1 root root 13 Aug 24 09:20 /usr/lib/systemd/system/runlevel1.target -> rescue.target
lrwxrwxrwx. 1 root root 17 Aug 24 09:20 /usr/lib/systemd/system/runlevel2.target -> multi-user.target
lrwxrwxrwx. 1 root root 17 Aug 24 09:20 /usr/lib/systemd/system/runlevel3.target -> multi-user.target
lrwxrwxrwx. 1 root root 17 Aug 24 09:20 /usr/lib/systemd/system/runlevel4.target -> multi-user.target
lrwxrwxrwx. 1 root root 16 Aug 24 09:20 /usr/lib/systemd/system/runlevel5.target -> graphical.target
lrwxrwxrwx. 1 root root 13 Aug 24 09:20 /usr/lib/systemd/system/runlevel6.target -> reboot.target
```

可以看出，poweroff.target 对应 runlevel 0，表示关机模式；rescue.target 对应 runlevel 1，表示单用户模式或救援模式；multi-user.target 对应 runlevel 2、runlevel 3 和 runlevel 4，表示字符界面多用户模式；graphical.target 对应 runlevel 5，表示图形界面多用户模式；reboot.target 对应 runlevel 6，表示重启系统模式。

【例 2-3】 启动 httpd 服务，也就是启动 Apache HTTP 服务器，然后关闭该服务，最后重启 httpd 服务，使用如下命令：

```
[root@localhost ~]# systemctl start httpd.service
[root@localhost ~]# systemctl stop httpd.service
[root@localhost ~]# systemctl restart httpd.service
```

打开 httpd 服务自启动功能，然后关闭 httpd 服务自启动功能，使用如下命令：

```
[root@localhost ~]# systemctl enable httpd.service
[root@localhost ~]# systemctl disable httpd.service
[root@localhost ~]# systemctl status httpd.service
● httpd.service - The Apache HTTP Server
   Loaded: loaded (/usr/lib/systemd/system/httpd.service; disabled; vendor preset: disabled)
   Active: active (running) since Sun 2017-11-19 17:44:04 CST; 4min 32s ago
```

```
      Docs: man:httpd(8)
            man:apachectl(8)
 Main PID: 13923 (httpd)
   Status: "Total requests: 0; Current requests/sec: 0; Current traffic:   0 B/sec"
   CGroup: /system.slice/httpd.service
           ├── 13923 /usr/sbin/httpd -DFOREGROUND
           ├── 13924 /usr/libexec/nss_pcache 917507 off /etc/httpd/alias
...
```

可以看出 httpd 服务处于 active（running）状态。并且还能看到服务的启动时间以及服务对应的每个进程 PID 信息。

2.3.2 shutdown 命令

shutdown 命令可以安全地关闭或重启系统，它在系统关闭前给系统上的所有登录用户发送提示一条警告信息。系统执行该命令后会自动进行数据同步的工作。

命令格式如下：

```
shutdown [ 选项 ] [ 时间 ] [ 警告信息 ]
```

常用选项如下：

- -t < 秒数 >：送出警告信息前延时多少秒。
- -h：关机。
- -r：重启系统。
- -k：发送警告信息给所有用户，但不会实际关机。
- -f：重启系统时不执行磁盘扫描。
- -F：重启系统时执行磁盘扫描。
- -c：取消正在进行的 shutdown 命令内容。

【例 2－4】 执行 10 分钟后关闭系统的任务，然后取消任务。

```
[root@localhost ~]# shutdown -h +10
Shutdown scheduled for Thu 2017-11-09 16:31:39 CST, use 'shutdown -c' to cancel.
[root@localhost ~]#
Broadcast message from root@localhost.localdomain (Thu 2017-11-09 16:21:39 CST):
The system is going down for power-off at Thu 2017-11-09 16:31:39 CST!
[root@localhost ~]# shutdown -c
Broadcast message from root@localhost.localdomain (Thu 2017-11-09 16:21:48 CST):
The system shutdown has been cancelled at Thu 2017-11-09 16:22:48 CST!
```

2.3.3 dmesg 命令

dmesg 命令显示开机信息。内核会将开机信息存储在系统缓冲区中，如果开机来不及查看相关信息，可以在开机后使用 dmesg 命令查看，也可以查看 /var/log/dmesg 文件。

命令格式如下：

```
dmesg [ 选项 ]
```

常用选项如下：

- -C, --clear：清除内核环形缓冲区。

- -c, --read-clear：读取并清除所有消息。
- -H, --human：易读格式输出。
- -k, --kernel：显示内核消息。
- -L, --color：显示彩色消息。
- -l, --level <列表>：限制输出级别。

2.3.4 uname 命令

uname 命令用来显示操作系统相关信息。

命令格式如下：

```
uname [选项]
```

常用选项如下：

- -a：显示操作系统所有信息。
- -m：显示系统 CPU 类型。
- -n：显示操作系统的主机名。
- -s：显示操作系统类型。
- -r：显示操作系统内核版本。

【例 2-5】 uname 命令的应用。

```
[root@localhost ~]# uname -m        # 显示 CPU 类型
x86_64
[root@localhost ~]# uname -n        # 显示主机名
localhost.localdomain
[root@localhost ~]# uname -s        # 显示操作系统类型
Linux
[root@localhost ~]# uname -r        # 显示内核版本
3.10.0-514.el7.x86_64
```

2.3.5 uptime 命令

uptime 命令用来输出系统任务队列信息，包括当前系统时间、系统从开机到现在的运行时间、目前有多少用户在线和系统平均负载等。

命令格式如下：

```
uptime
```

【例 2-6】 uptime 命令的应用。

```
[root@localhost ~]# uptime
    16:37:23 up 33 min,  3 users,  load average: 0.24, 0.06, 0.14
```

可以看出，现在的系统时间是 16:37:23，系统已经运行了 33 分钟，目前登录的用户有 3 个，前 1 分钟、5 分钟、15 分钟系统的平均负载为 0.24、0.06、0.14。

2.3.6 last/lastb 命令

last 命令用于查看正确的历史登录信息，lastb 命令用于查看登录失败的历史信息。当执行 last 命令时，它默认会读取 /var/log/wtmp 文件；当执行 lastb 命令时，它默认会读

取 /var/log/btmp 文件。

命令格式如下：

```
last/lastb [ 选项 ]
```

常用选项如下：

- -num：指定显示的行数。
- -R：不显示主机名列。
- -a：在最后一列显示主机名。
- -d：对于非本地的登录，Linux 不仅保存远程主机名，而且保存 IP 地址，这个选项可以将 IP 地址转换为主机名。
- -i：显示远程主机的 IP 地址。
- -x：显示系统关机记录和运行级别改变的日志。

2.3.7 free 命令

free 命令用于显示系统内存状态，具体包括系统物理内存、虚拟内存、共享内存和系统缓存。

命令格式如下：

```
free [ 选项 ] [-s（间隔秒数）]
```

常用选项如下：

- -b：以字节为单位显示内存使用情况。
- -m：以 MB 为单位显示内存使用情况。
- -k：以 KB 为单位显示内存使用情况。
- -t：显示内存总和列。
- -s < 间隔秒数 >：根据指定的间隔秒数持续显示内存使用状况。

【例 2－7】 free 命令的应用。

```
[root@localhost ~]# free -m
        total   used   free   shared   buff/cache   available
Mem:    1975    472    915    10       587          1305
Swap:   1907    0      1907
```

可以看出，系统总的物理内存为 1.9GB，已经使用了 472MB，可用内存为 1.3GB，系统缓存 587MB，交换分区 2GB 还没有被系统使用。

2.3.8 date 命令

显示或者修改系统时间与日期。只有超级用户 root 才能使用 date 命令，普通用户只能查看系统时间。

命令格式如下：

```
date [ 选项 ] 显示时间格式
```

常用选项如下：

- -d：显示系统时间。

- -s：设置系统时间。

时间显示以“+”开头，后面接时间格式，常用的时间显示格式见表 2－2。

表 2－2　常用的时间显示格式

格式	含义
%H	显示小时，表示范围为 00 ～ 23
%I	显示小时，表示范围为 00 ～ 12
%M	显示分钟，表示范围为 00 ～ 59
%S	显示秒钟，表示范围为 00 ～ 59
%p	显示是 AM（上午）还是 PM（下午）
%r	显示时间，格式为 hh：mm：ss AM 或 PM
%T	显示时间，格式为 hh：mm：ss
%x	显示年份和日期，格式为 mm/dd/yyyy
%b 或 %B	显示月份，%b 显示月的简称，%B 显示月的全称
%m	显示月份，格式为 01 ～ 12
%d	显示一个月的第几天
%a	显示星期几
%Y 或 %y	%Y 显示完整的年份，%y 显示年份的最后两个数字

【例 2－8】 date 命令的应用。

（1）用指定的格式显示时间和日期。

```
[root@localhost ~]# date '+This date is:%Y-%B-%d,time is:%T'
This date is:2020- 八月 -18,time is:08:39:53
```

（2）修改系统时间。

```
[root@localhost ~]# date -s "20200818 10:01"
2020 年 08 月 18 日 星期二 10:01:00 EDT
```

（3）显示 3 天前的时间。

```
[root@localhost ~]# date -d "3 days ago" '+%Y-%m-%d'
2020-08-15
```

2.3.9　cal 命令

cal 命令用于显示系统的日历信息。

命令格式如下：

```
cal  [month [year]]
```

若只有一个参数，则代表年份（1 ～ 9999），显示该年的年历。如果不带参数，显示本月日历。

【例 2－9】 cal 命令的应用。

（1）显示当年的本月日历。

```
[root@localhost ~]# cal
八月 2020
日  一  二  三  四  五  六
                         1
 2   3   4   5   6   7   8
 9  10  11  12  13  14  15
16  17  18  19  20  21  22
23  24  25  26  27  28  29
30  31
```

（2）显示指定年份特定月的日历。

```
[root@localhost ~]# cal 1 2018
    January 2018
Su Mo Tu We Th Fr Sa
    1  2  3  4  5  6
 7  8  9 10 11 12 13
14 15 16 17 18 19 20
21 22 23 24 25 26 27
28 29 30 31
```

2.3.10 clear 命令

clear 命令用于清除屏幕的信息。

命令格式如下：

```
clear
```

2.3.11 who 命令

who 命令用于显示当前登录系统的用户。

命令格式如下：

```
who [ 选项 ] [file]
```

常用选项如下：

- -a：列出所有信息，相当于所有选项。
- -b：列出系统最近启动的日期。
- -l：列出所有可登录的终端信息。
- -m：仅列出关于当前终端的信息，相当于“who am i”命令。
- -q：列出在本地系统上的用户和用户数的清单。
- -r：显示当前系统的运行级别。
- -s：仅显示名称、终端和时间字段信息。
- -u：显示当前每个用户的用户名、登录终端、登录时间、终端活动和进程标识。

【例 2－10】 who 命令的应用。

（1）查询系统处于什么运行级别。

```
[root@localhost ~]# who -r
运行级别 5 2020-08-18 08:33
```

（2）显示系统最近的启动时间，以及当前每个用户的登录详情。

```
[root@localhost ~]# who -bu
系统引导    2020-08-18 08:31
root        tty2          2020-08-18 08:33 00:32         2004(tty2)
```

还有一个和 who 类似的命令 w，它比 who 命令显示的信息更加详细。w 命令用于显示已经登录的用户以及他们在做什么。

2.3.12　hwclock 命令

hwclock 命令用于查询或者设置硬件时钟（Real Time Clock，RTC）。计算机系统中有硬件时钟和系统时钟 2 种时钟。硬件时钟是指主板上的时钟，也就是 BIOS 中的时钟。系统时钟则是指 kernel 中的时钟。所有 Linux 相关命令与函数都是读取系统时钟的设定。由于存在两种不同的时钟，导致它们之间存在差异。根据不同的参数设置，hwclock 命令既可以将硬件时钟同步到系统时钟，也可以将系统时钟同步到硬件时钟。当 Linux 启动时，系统时钟会去读取硬件时钟的设定，之后系统时钟独立运作。

命令格式如下：

```
hwclock [ 选项 ]
```

常用选项如下：

- -r：读入并打印硬件时钟。
- -s：将硬件时钟同步到系统时钟。
- -w：将系统时钟同步到硬件时钟。

【例 2－11】 hwclock 命令的应用。

首先设置系统时钟，然后读取硬件时钟，将系统时钟同步到硬件时钟上，最后显示硬件时钟。

```
[root@localhost ~]# date -s "2018-11-09 17:21:00"
2018 年 11 月 09 日 星期五 17:21:00 EST
[root@localhost ~]# hwclock -r
2020-08-18 07:00:49.472572-04:00
[root@localhost ~]# hwclock -w
[root@localhost ~]# hwclock -r
2018-11-09 17:24:51.852458-05:00
```

项目实训

一、实训主题

设置服务器启动后默认登录界面为字符界面，设置系统 10 分钟后重启，重启之前向所有终端发送警告信息。登录后，从字符终端启动图形界面。最后列出系统中正在运行的单元以及处于活跃状态的服务。

二、实训分析

1. 操作思路

可通过 systemctl 命令来完成系统默认启动界面的设置，通过 shutdown 命令来完成系统重启，通过 startx 命令启动图形界面。

2. 所需知识

（1）运行级别 3 为字符界面、5 为图形界面。

（2）命令的含义及使用方法。

三、实训步骤

【步骤 1】查看系统当前的启动级别。

```
[root@fanhui ~]# systemctl get-default
graphical.target
```

【步骤 2】设置系统启动时为字符界面。

```
[root@fanhui ~]# systemctl set-default multi-user.target
Removed symlink /etc/systemd/system/default.target.
Created symlink from /etc/systemd/system/default.target to /usr/lib/systemd/system/multi-user.target.
```

【步骤 3】设置系统重启时间。

```
[root@fanhui ~]# shutdown -r +10
Shutdown scheduled for 二 2020-08-18 14:44:00 CST, use 'shutdown -c' to cancel.
```

【步骤 4】登录系统。

系统启动后，出现 login 时，输入用户名、密码，登录成功后出现 # 提示符。

【步骤 5】启动图形界面。

```
[root@fanhui ~]# startx
```

【步骤 6】列出正在运行的单元。

```
[root@fanhui ~]# systemctl list-units
```

【步骤 7】列出活跃状态的系统服务。

```
[root@fanhui ~]# systemctl list-units --type=service
```

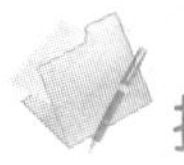

技能检测

一、选择题

1. 输入 shell 命令时，选项和参数之间用（　　）符号隔开。

A. %　　　　B. !　　　　C. ~　　　　D. 空格

2. 将系统时间修改为2021年6月1日0时0分的命令是（　　）。

A. date 060100002021　　B. date 2106010000

C. date 0000060121　　D. date 202106010000

3. 在字符界面环境下退出登录可用（　　）方法。

A. exit 或 quit　　B. quit 或【Ctrl+D】

C. exit 或【Ctrl+D】　　D. 以上都可以

二、简答题

1. 如何启动一个服务？如何设置开机时自启动一个服务？如何修改默认启动级别？

2. 如何查看 sshd.service？其属于哪个 target？

项目 3

文件和目录管理

项目导读

本项目详细讲解了 Linux 下用于文件和目录管理的 shell 命令的使用和 vi 编辑器的使用。通过本项目的学习，同学们能够对 Linux 系统下的文件和目录进行基本的运行和维护操作，为后续学习打下坚实的基础。

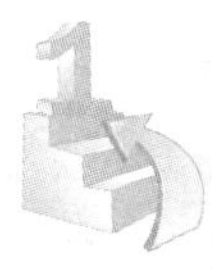

学习目标

- 理解文件和目录的概念。
- 掌握目录类命令的使用方法。
- 掌握文件类命令的使用方法。

课程思政目标

注重培养工匠精神，做任何事情都要高标准、严要求，做到精益求精。平时注意积极学习，不断提升自身专业素养。

任务 3.1 认识文件和目录

3.1.1 文件类型

文件是具有相同数据结构的记录的集合。“Linux 下一切皆文件”，所有的设备也可看作文件（称为设备文件）。常见的文件类型有：普通文件、设备文件、目录文件、链接文件、套接字文件和管道文件。其中，设备文件分为字符设备文件和块设备文件。Linux 下的文件的扩展名可有可无。

1. 普通文件

普通文件的属性的第 1 个字符是“-”，这类文件一般是通过应用软件创建的，如文本文件、图片、视频等。

【例 3-1】 显示普通文件的属性。

```
[root@fanhui home]# ls -l test
-rw-r--r--. 1 root root 20 8 月  20 09:59 test
```

2. 设备文件

设备文件位于 /dev 目录下，应用程序通过设备文件对设备进行读写操作。

（1）字符设备文件。

字符设备文件每次顺序读写 1 个字符，如键盘、鼠标、终端等。字符设备文件的属性的第 1 个字符是“c”。

（2）块设备文件。

块设备文件每次读写 1 个块（默认 512B），支持随机读写，如磁盘、光盘、U 盘等。块设备文件的属性的第 1 个字符是“b”。

【例 3-2】 显示设备文件的属性。

```
[root@fanhui dev]# ls -l tty1 sda1
brw-rw----. 1 root disk 8, 1 8 月  20 08:11 sda1
crw--w----. 1 root tty  4, 1 8 月  20 08:11 tty1
```

3. 目录文件

目录包含文件或子目录，通过目录可以组织文件。目录文件包含目录下的文件名和指向这些文件的指针。目录文件的属性的第 1 个字符是“d”。

【例 3-3】 显示目录文件的属性。

```
[root@fanhui dev]# ls -l tty1 sda1
brw-rw----. 1 root disk 8, 1 8 月  20 08:11 sda1
crw--w----. 1 root tty  4, 1 8 月  20 08:11 tty1
```

4. 链接文件

链接文件分为硬链接文件和软链接文件。硬链接文件就是同一个文件使用了多个别名，软链接则指向另一个文件的路径名，类似快捷方式。软链接文件的属性的第 1 个字符是“l”。

5. 套接字文件

套接字用于进程间的网络通信，也可以用于本机之间的非网络通信。套接字文件的属性的第 1 个字符是“s”。

6. 管道文件

管道文件主要用于进程间的通信，采用 FIFO（先进先出）原则同时存取一个文件。管道文件的属性的第 1 个字符是“p”。

【例 3-4】 管道文件和套接字文件。

```
[root@fanhui ~]# ll /var/run/rpcbind.sock
srw-rw-rw-. 1 root root 0 8 月  20 08:11 /var/run/rpcbind.sock
[root@fanhui ~]# ll /var/run/dmeventd-server
```

```
prw-------    1 root root 0 8 月  20 08:11 /var/run/dmeventd-server
```

3.1.2 目录结构

Linux 与 Windows 最大的不同在于 Linux 目录结构的设计。Linux 目录结构的最顶端是 “/”（根目录），任何目录、文件等都在 “/” 下。Linux 文件路径与 Windows 不同，Linux 的文件路径类似 “/data/test.txt”，没有 Windows 中盘符的概念。Linux 常用目录见表 3－1。

表 3－1 Linux 常用目录

目录名	说 明
/	根目录，只能有一个，其他目录都是根目录的子目录
/bin	存放系统所需要的重要命令行实用工具，比如 cp、mkdir 等，它是一个链接，实际指向 /usr/bin 目录
/boot	包含 Linux 的启动文件，包括 Linux 内核在内
/dev	存放系统下的设备文件，如光驱、磁盘等。访问该目录下某个文件相当于访问某个硬件设备
/etc	一般存放系统的配置文件，作为一些软件启动时默认配置文件的读取目录
/home	系统默认的用户主目录。如果添加用户时不指定用户的主目录，默认在 /home 下创建与用户名同名的子目录
/lib	包含内核和各个命令行实用工具的程序库
/mnt	临时挂载的文件系统的挂载点
/lost+found	存放一些当系统意外崩溃或机器意外关闭时产生的文件碎片
/proc	一个虚拟文件系统，存放系统运行时的运行信息，如进程信息、内存信息、网络信息等。此目录的内容存放在内存中，实际不占用磁盘空间。如 /proc/cpuinfo 存放 cpu 的相关信息
/sbin	存放一些系统管理的命令，一般只能由超级用户 root 执行。大多数命令普通用户一般无权限执行，它也是一个链接，实际指向 /usr/sbin 目录
/root	超级用户 root 的主目录
/tmp	临时文件目录，任何人都可以访问。系统软件或用户运行程序时产生的临时文件存放到此目录，此目录需要定期清除，重要数据不可以放置在此目录中，此目录空间不宜过小
/usr	应用程序存放目录，如命令、帮助文件等，安装 Linux 软件包时默认安装到 /usr/local 目录下。/usr/local 目录建议单独分区并设置较大的磁盘空间
/var	保存可变数据，这个目录内容是经常变动的，如 /var/log 用于存放系统日志、/var/lib 用于存放系统库文件等

定位文件和目录时，采用路径名的方式，如 /etc/sysconfig/network-scripts/ifcfg-ens33。路径必须指明具体的位置，可以包含文件也可以包含目录，而目录单指文件所在的文件夹。路径分为以下两类：

（1）绝对路径：相对于根目录 “/” 的路径，是从 “/” 开始到当前目录的路径。

（2）相对路径：相对于当前目录，从当前目录到其下子目录的路径，最显著的特点就是目录最前面没有斜杠。

任务 3.2 使用文件和目录类命令

3.2.1 文件管理

1. ls 命令

ls 命令用于显示指定目录下的内容，列出目录所含的文件及子目录。另外，Linux 还提供了 dir 命令，和 ls 命令类似。

常用选项如下：

- -a：显示指定目录下所有的文件及子目录，包含隐藏文档（以“.”开头的文件或者目录）。
- -d：只显示目录列表，不显示文件。
- -l：将文件名、文件或子目录权限、使用者和文件大小等信息详细列出。
- -s：在每个文件名后输出该文件的大小。
- -k：以 K 字节的形式表示文件的大小。
- -u：按文件上次被访问的时间排序。
- -t：按时间排序。
- -o：显示除了组信息以外的详细信息。
- -h：显示文件大小时增加可读性，以容易理解的格式列出文件大小（K、M、G）。
- -r：对目录反向排序。
- -q：用“?”代替不可输出的字符。
- -m：横向输出文件名，并以“,”作为分隔符。
- -S：按文件大小排序。
- -R：列出子目录下的文件。
- -pF：在每个文件名后附上一个字符以说明该文件的类型，“*”表示可执行的普通文件；“/”表示目录；“@”表示符号链接；“|”表示 FIFO；“=”表示套接字(socket)。
- --color：使用不同的颜色高亮显示不同类型的文件。
- -i：显示文件的 inode 号。
- --version：在标准输出上输出版本信息并退出。

ls -l 输出的详细信息分为 9 列，具体见表 3－2。

表 3－2　ls -l 输出的详细信息

列数	描述
第 1 列	第 1 个字符表示文件的类型，“-”表示普通文件，“d”表示目录，“s”表示套接字文件，“c”表示字符设备文件，“b”表示块设备文件，“l”表示链接文件
	第 2～4 个字符表示文件所有者对此文件的访问权限，“r”表示读、“w”表示写、“x”表示执行，“-”表示不具有此权限，按照 rwx 顺序排列
	第 5～7 个字符表示与文件所有者在同一组的用户对此文件的访问权限
	第 8～10 个字符表示与文件所有者不在同一组的其他用户对此文件的访问权限
	第 11 个字符为“.”时表示具有 SELinux 安全上下文；为“+”时表示设置了 ACL 权限
第 2 列	文件的链接数
第 3 列	文件的所有者
第 4 列	文件所属的组
第 5 列	文件所占的字节数
第 6～8 列	文件最近一次修改的时间
第 9 列	文件名

Linux 系统下默认不同类型文件所使用的颜色（ls --color）见表 3-3。

表 3-3　文件类型对应的颜色

颜色	文件类型
白色	普通文件
蓝色	目录
绿色	可执行文件
红色	压缩文件
浅蓝色	链接文件
红色闪烁	指向文件不存在的符号链接
黄色	设备文件
灰色	其他文件
粉红色	套接字文件

【例 3-5】 列出 /home 目录下的所有文件及其子目录的详细信息，显示文件类型标记，并对目录反向排序。

```
[root@localhost home]# ls -alrF
total 35
drwxr-xr-x.   3 root      root     1024    Oct 26 10:36  test/
drwx------.   2 root      root     12288   Aug 24 09:08  lost+found/
-rwxr-xr-x.   1 root      root     8888    Oct 26 14:49  io*
drwx------.   15 fanhui   fanhui   1024    Oct 19 14:47  fanhui/
dr-xr-xr-x.   18 root     root     4096    Aug 24 09:48  ../
drwxr-xr-x.   6 root      root     1024    Oct 26 14:49  ./
drwxr-xr-x.   2 root      root     1024    Oct 20 10:43  abc/
```

2. cat 命令

cat 命令用于将文本文件的内容输出到标准输出，同时还可以连接及合并文件。

命令格式如下：

```
cat [ 选项 ] 文件名
```

或者：

```
cat 文件 1 文件 2 > 文件 3
```

常用选项如下：

- -n：由 1 开始对所有输出的行数编号。
- -b：和 -n 相似，只不过对于空白行不编号。
- -s：当遇到连续两行以上的空白行时，就代换为一行的空白行。

注意：cat 命令只能查看文本文件，如果是其他类型的文件，则会显示乱码。如果文件过大，文件内容在屏幕上会迅速闪过，用户只能看到结尾的部分内容。这时需要使用 more 命令分屏显示文件内容。

【例 3－6】 cat 命令的使用。

```
[root@localhost test]# ls
f1   f2
[root@localhost test]# cat f1
a
[root@localhost test]# cat f2
b
[root@localhost test]# cat -n f1 f2>f3
[root@localhost test]# ls
f1   f2   f3
[root@localhost test]# cat f3
     1    a
     2    b
```

3. more/less 命令

如果一个文本文件比较长，一屏无法显示完毕，可以使用 more/less 命令进行分屏显示。more/less 命令读取文件时，每次显示一屏，并且在每屏显示后暂停。如果此时按回车键，more/less 命令就会接着显示文件的下一行，以此类推；如果按空格键，more/less 命令就继续显示文件的下一屏信息。more 命令可以使用【Shift+PageUp】组合键上翻一屏，或者使用【Shift+PageDown】组合键下翻一屏。less 命令比 more 命令更加强大，比如可以使用“/ 字符串”或者“？字符串”来向下或者向上查找指定的字符串。按【q】键可以退出 more/less。

more 命令常用选项如下：

- -d：在屏幕底部 more 提示符后显示友好信息。
- -s：将输出文件中的多个空行合并为一个空行。
- -p：先清除屏幕以前的信息，再显示文本信息。
- -c：显示文件时，每屏显示都清除屏幕上之前的信息，然后从最顶端显示出来。

【例 3－7】 more 和 less 的应用。

以分页的方式显示 yun.conf 文件信息，可以使用以下命令：

```
[root@localhost ~]# more /etc/yum.conf
```

要显示 yum.conf 文件的内容，每 15 行显示一屏，同时清除屏幕，可以使用以下命令：

```
[root@localhost ~]# more -c15 /etc/yum.conf
```

以分页方式显示 yum.conf 文件内容，查找其中的“gpgcheck”字符串，可以使用以下命令：

```
[root@fanhui ~]# less /etc/yum.conf
再输入 /gpgcheck
```

4. tail 命令

tail 命令用于显示文本文件的结尾部分，默认显示文件的最后 10 行。

命令格式如下：

```
tail [ 选项 ] 文件名
```

常用选项如下：

- -n：指定显示的行数。
- -f：当文件增长时，输出后续添加的数据。

【例 3－8】 显示 test 文件的后 2 行，然后显示 test 文件从第 2 行开始的内容。

```
[root@localhost test]# cat test
a
b
c
d
e
f
[root@localhost test]# tail -n -2 test
e
f
[root@localhost test]# tail -n +2 test
b
c
d
e
f
```

5. head 命令

head 命令用于显示文本文件的开头部分，默认显示文件的最后 10 行。

命令格式如下：

```
head [ 选项 ] 文件名
```

常用选项如下：

- -c：指定显示的字节数。
- -n：指定显示的行数。

显示 test 文件的前 2 行，然后显示 test 文件最后 2 行以外的内容。

```
[root@localhost test]# head -n +2 test
a
b
[root@localhost test]# head -n -2 test
a
b
c
d
```

6. diff 命令

diff 命令用于比较文件的差异，以逐行的方式进行比较。如果指定比较的是目录，则 diff 默认比较目录中具有相同文件名的文件，不会比较其中的子目录。

命令格式如下：

```
diff [ 选项 ] 文件 1 文件 2
```

常用选项如下：

- -c：显示全部内容，并标出不同之处。
- -b：忽略行尾的空格，同时将字符串中的一个或多个空格都视为相同。
- -r：当文件 1 和文件 2 为目录时，会比较子目录中的文件。
- -s：当两个文件相同时，显示文件的相同信息。
- -i：忽略大小写。

通常，输出信息的格式如下：

```
n1 a n3,n4
n1,n2 d n3
n1,n2 c n3,n4
```

字母 a、c、d 之前的 n1 和 n2 代表文件 1 的行号，后面的 n3 和 n4 代表文件 2 的行号，字母 a、d、c 分别表示附加、删除和修改操作。输出形式的每行后紧跟着两个文件的若干不同行，其中，以“<”开头的行属于文件 1，以“>”开头的行属于文件 2。

【例 3-9】 比较文件 f1.txt 和文件 f2.txt 的异同。

```
[root@localhost ~]# cat f1.txt
this is f1 file
[root@localhost ~]# cat f2.txt
this is f2 file
[root@localhost ~]# diff f1.txt f2.txt
1c1
< this is f1 file
---
> this is f2 file!
```

7. find 命令

find 命令用于查找指定目录下符合条件的文件，并将查找的结果输出。

006 find 命令的使用

命令格式如下：

```
find [ 路径 ] [ 选项 ] [-print -exec -ok 命令 {} \;]
```

路径表示查找的目标路径，选项用来控制搜索方式。

常用选项如下：

- -amin n：查找在过去 *n* 分钟内被读取过的文件。
- -atime n：查找最后一次访问的 *n*×24 小时前的文件。
- -cmin n：查找在过去 *n* 分钟内文件状态被修改过的文件。
- -ctime n：查找最后一次修改的 *n*×24 小时前的文件。
- -mmin n：查找在过去 *n* 分钟内文件内容被修改过的文件。
- -type b/d/c/p/l/f：查找块设备（b）、目录（d）、字符设备（c）、管道（p）、符号链接（l）、普通文件（f）。
- -name '字符串'：查找文件名匹配所给字符串的所有文件，字符串内可用通配符 *、?、[]。

- -depth：在查找文件时，首先查找当前目录下的文件，然后再查找其子目录下的文件。
- -size n[bcwkMG]：查找文件长度为 *n*（默认为 b，也就是 512-byte）个单位的文件，+*n* 表示大于 *n*，－*n* 表示小于 *n*，*n* 表示等于 *n*。
- -exec command {} \;：表示对查到的文件执行 command 操作，{} 和 \; 之间有空格。
- ok：和 -exec 相同，只不过在操作前要询问用户。
- -print：将搜索结果输出到标准输出。

【例 3－10】 查找 /dev 目录下类型为字符设备，且 30 分钟内被读取过的名称 tty 开始的后面有一位字符的文件。

```
[root@localhost dev]# find  /dev -amin +30 -type c  -name 'tty?' -exec ls -l {} \;
crw--w----. 1 root tty 4, 9 10 月 26 08:56 /dev/tty9
crw--w----. 1 root tty 4, 8 10 月 26 08:56 /dev/tty8
crw--w----. 1 root tty 4, 7 10 月 26 08:56 /dev/tty7
crw--w----. 1 root tty 4, 6 10 月 26 08:56 /dev/tty6
crw--w----. 1 root tty 4, 5 10 月 26 08:56 /dev/tty5
crw--w----. 1 root tty 4, 4 10 月 26 08:56 /dev/tty4
crw--w----. 1 root tty 4, 3 10 月 26 08:56 /dev/tty3
crw--w----. 1 root tty 4, 2 10 月 26 08:56 /dev/tty2
crw--w----. 1 root tty 4, 1 10 月 26 08:56 /dev/tty1
crw--w----. 1 root tty 4, 0 10 月 26 08:56 /dev/tty0
```

8. grep 命令

007　grep 命令的使用

grep 命令是 Linux 下的文本过滤工具，grep 根据指定的字符串对文件的每一行进行搜索，如果找到了这个字符串，就输出该行的内容。

命令格式如下：

```
grep [ 选项 ] 需要查找的字符串 文件名
```

常用选项如下：

- -c：只显示符合条件的行数，而不是每行的具体信息。
- -f file：将要搜索的样式写入一个文件，每行一个样式，以这个文件进行搜索。
- -i：搜索时忽略大小写。
- -n：在搜索结果中显示行号。
- -q：安静模式，不输出查找内容所在行的内容。如果找到了字符串则返回 0。
- -w：将表达式作为一个单词搜索。
- -v：只选择不匹配的行。

【例 3－11】 列出 /etc/passwd 文件中含有 root 字符串的行，并标识每行的具体行号。

```
[root@localhost include]# grep -nw “root” /etc/passwd
1:root:x:0:0:root:/root:/bin/bash
10:operator:x:11:0:operator:/root:/sbin/nologin
```

9. which 命令

which 在系统 PATH 环境变量指定的路径中，用于搜索某个系统命令的位置，默认返回第 1 个搜索结果。使用 which 命令可以确定某个系统命令是否存在，以及执行的是哪个位置的命令。如果使用选项“-a”，那么返回所有的搜索结果。

```
[root@fanhui ~]# which -a lsmod
/usr/sbin/lsmod
/sbin/lsmod
[root@fanhui ~]# which lsmod
/usr/sbin/lsmod
```

10. cut 命令

cut 命令用于从文件的行中取出指定的内容进行输出。它是一个选取信息的命令，用户将文件分割，取出感兴趣的内容。cut 以每一行作为一个处理对象。

命令格式如下：

```
cut 选项 [ 文件名 ]
```

常用选项如下：

- -b：以字节为单位进行分割。
- -c：以字符为单位进行分割。
- -d：定义分隔符，默认为制表符。
- -f：和 -d 一起使用，指定显示域。

【例 3－12】 首先显示当前登录的用户信息，然后提取每行的前 3 字节和前 4 个字符显示，最后提取每行的第 1 部分显示。

```
[root@localhost ~]# who
root      tty2       2020-11-14 09:14
fanhui    tty3       2020-11-14 10:43
test      tty5       2020-11-14 10:46
root      pts/0      2020-11-14 10:48 (:0)
[root@localhost ~]# who|cut -b 1-3
roo
fan
tes
roo
[root@localhost ~]# who|cut -c -4
root
fanh
test
root
[root@localhost ~]# who|cut -d " " -f 1
root
fanhui
test
root
```

11. touch 命令

touch 命令用于改变指定文件的访问时间和修改时间，如果指定文件不存在则创建此文件。如果没有指定时间，则使用当前时间。

命令格式如下：

```
touch [ 选项 ] 时间文件
```

常用选项如下：

- -a：改变文件的访问时间为系统当前时间，无须设置时间选项。
- -m：改变文件的修改时间为系统当前时间，无须设置时间选项。
- -c：如果文件不存在，不创建也不提示。
- -d：使用指定的时间或日期。
- -r< 参考文件或目录 >：把指定文件或目录的日期、时间都设成和参考文件或目录的日期、时间相同。

【例 3－13】 touch 命令的应用。

```
[root@localhost tt]# touch test.txt                    # 创建一个文件 test.txt
[root@localhost tt]# ls -l                             # 显示文件详细信息（修改时间）
total 1
-rw-r--r--. 1 root root 0 Oct 26 10:50 test.txt
[root@localhost tt]# more test.txt                     # 访问文件
[root@localhost tt]# ls -lu                            # 显示文件的访问时间
total 1
-rw-r--r--. 1 root root 0 Oct 26 10:51 test.txt
[root@localhost tt]# touch -m test.txt                 # 改变文件的修改时间为系统当前时间
[root@localhost tt]# ls -l
total 1
-rw-r--r--. 1 root root 0 Oct 26 10:53 test.txt
[root@localhost tt]# touch -d "11:01am" test.txt       #test.txt 文件修改时间为上午 11 点 01 分
[root@localhost tt]# ls -l
total 1
-rw-r--r--. 1 root root 0 Oct 26 11:01 test.txt
```

12. rm 命令

rm 命令用于删除目录或文件。对于链接文件，只是断开了链接，源文件保持不变。

命令格式如下：

```
rm [ 选项 ] 文件或目录
```

常用选项如下：

- -r ：将选项中列出的目录、子目录和文件都递归地删除，如果不指定“ -r”选项，rm 命令将不能删除目录。
- -f：强制删除，忽略不存在的文件，也不给出提示信息。
- -i：交互式删除，即需要在删除前确认。

注意：使用 rm 命令时要特别小心，尤其是 rm -rf 组合要慎用，因为文件一旦被删除，将不能恢复。为了防止文件或者目录被误删除，可以使用 rm -i 选项来逐个确认要删除的文件。

【例 3－14】 删除 /home 下的 abc 子目录的内容。

```
[root@fanhui ~]# mkdir /home/abc                # 创建目录
[root@fanhui ~]# touch /home/abc/a              # 生成测试文件
[root@fanhui ~]# rm -rf /home/abc               # 删除目录
```

13. file 命令

file 命令用于显示文件的类型。对于长度为 0 的文件，将识别为空文件；对于符号链接文件，默认情况下将显示符号链接引用的真实文件路径。

命令格式如下：

```
file [ 选项 ] 文件名
```

常用选项如下：

- -b：显示文件类型结果，不显示对应的文件名称。
- -L：直接显示符号链接所指向的文件类型。
- -z：显示压缩文件信息。
- -i：如果文件不是常规文件，则不进一步对文件类型进行分类。

【例 3－15】 显示 /dev/sda 文件的类型。

```
[root@fanhui dev]# file /dev/sda
/dev/sda: block special
```

14. ln 命令

ln 命令用来在文件或目录之间创建链接。为实现文件的共享，Linux 系统引入了两种链接：一种是硬链接（Hard Link）；一种是符号链接（Symbolic Link）。默认创建的是硬链接。

（1）硬链接。

硬链接是指通过文件的 inode 来进行链接。在 Linux 的文件系统中，保存在磁盘上的所有类型的文件都会被分配一个编号，这个编号称为 inode 号（索引节点号）。多个文件指向同一个 inode 在 Linux 中是允许的，这就是所谓的硬链接。硬链接的作用是允许一个文件拥有多个有效文件名，这样用户就可以对一些重要的文件建立硬链接，以防止误删。因为该文件的 inode 有一个以上的链接，所以删除一个链接并不影响 inode 本身和其他链接，只有当最后一个链接被删除后，文件的数据块及目录链接才会被释放，也就是说，此时文件才会被真正删除。硬链接只能对已存在的文件进行创建，不能跨文件系统创建，不能对目录创建。

（2）符号链接。

符号链接也叫软链接，类似 Windows 中的快捷方式，软链接指向真正的文件或者目录位置。软链接可以对不存在的目录或文件进行创建，还可以交叉文件系统。删除软链接并不影响被指向的文件，但若被指向的源文件被删除，则相关软链接被称为死链接（若被指向文件被重新创建，死链接可恢复为正常的软链接）。

命令格式如下：

```
ln [ 选项 ] 源文件 目标链接名
```

常用选项如下：

- -f：如果在目录位置存在与链接名同名的文件，该文件将被删除。
- -s：创建软链接。
- -d：允许系统管理员硬链接自己的目录。
- -b：对在链接时会被覆盖或者删除的文件进行备份。

【例 3-16】将 /home/test 目录下的 test 文件软链接到当前目录下，链接名为 test.soft，再将 test 文件硬链接到当前目录下，链接名为 test.hard。

```
[root@fanhui home]# ln -sf /home/test/test test.soft
[root@fanhui home]# ls -l /home/test/test
-rw-r--r--. 1 root root 12 Oct 26 15:33 /home/test/test
[root@fanhui home]# ls -l test.soft
lrwxrwxrwx. 1 root root 15 Oct 26 16:16 test.soft -> /home/test/test
[root@fanhui home]# ln /home/test/test test.hard
[root@fanhui home]# ls -l test.hard
-rw-r--r--. 2 root root 12 Oct 26 15:33 test.hard
```

15. cp 命令

cp 命令用于将给出的文件或目录复制到另一个文件或目录中。

命令格式如下：

```
cp [ 选项 ] 源文件或目录 目标文件或目录
```

常用选项如下：

- -a：在复制目录时使用。它保留所有的信息，保留链接并递归复制目录。
- -r：递归复制该目录下的所有文件和子目录。
- -d：复制时保留链接。
- -p：保留文件的修改时间和存取权限。
- -i：如果有相同文件名的目标文件，则提示用户是否覆盖。
- -f：强行复制文件或目录，不论目的文件或目录是否已经存在。
- -u：当源文件的修改时间比目标文件更新时，或是对应的目标文件并不存在，才复制文件。
- -v：显示执行过程。

【例 3-17】将当前目录下的所有文件（包括隐藏文件）及子目录复制到 /home/test 目录下。

```
[root@fanhui home]# cp -rf /etc/systemd/. /home/test
```

16. mv 命令

mv 命令用于文件或目录改名，或者将文件由一个目录移入另一个目录。如果源类型和目标类型都是文件或者目录，mv 将进行目录重命名。如果源类型为文件，而目标类型为目录，mv 将进行文件的移动。如果源类型为目录，则目标类型只能是目录，不能是文件，此时完成目录重命名。

命令格式如下：

```
mv [ 选项 ] 源文件或目录 目标文件或目录
```

常用选项如下：

- -i：交互式操作，在对已经存在的文件或目录覆盖时，系统会询问是否覆盖，输入“y”进行覆盖，输入“n”则不覆盖。
- -f：禁止交互式操作，在覆盖某个文件或者目录时，不给任何提示。
- -b：若需覆盖文件，则覆盖前进行备份。

【例 3－18】 创建一个 test 目录和一个 mytest 文件，然后将 mytest 文件移动到 test 目录下，最后修改 test 目录为 new。

```
[root@fanhui home]# mkdir test
[root@fanhui home]# touch mytest
[root@fanhui home]# ls
mytest  test
[root@fanhui home]# mv mytest test
[root@fanhui home]# mv test new
[root@fanhui home]# ls
new
```

17. split 命令

split 命令用于分割文档，将一个文件分成数个。

命令格式如下：

```
split ［选项］［输入文件］［输出文件］
```

常用选项如下：

- -b size：指定分割出来的文件大小，size 可以加入单位，b 代表 512B，k 代表 1KB，m 代表 1MB。
- -n：指定分割的每个文件的长度，默认为 1000 行。
- -d：将分割生成的文件序列以数字形式命名。
- -a：指定生成的文件序列长度，默认长度为 2。

【例 3－19】 将 test（7MB）文件进行分割，指定每个文件大小为 2MB，输出文件序列以数字形式显示，序列长度为 3。

```
[root@fanhui home]# dd if=/dev/zero of=test bs=7MB count=1  # 创建一个 7MB 的文件
1+0 records in
1+0 records out
7000000 bytes (7.0 MB) copied, 0.221989 s, 31.5 MB/s
[root@fanhui home]# split -b 2M -d -a 3 test test.bak
[root@fanhui home]# ll
total 13677
-rw-r--r--. 1 root root 7000000 Oct 28 14:50 test
-rw-r--r--. 1 root root 2097152 Oct 28 14:51 test.bak000
-rw-r--r--. 1 root root 2097152 Oct 28 14:51 test.bak001
-rw-r--r--. 1 root root 2097152 Oct 28 14:51 test.bak002
-rw-r--r--. 1 root root   708544 Oct 28 14:51 test.bak003
```

其中，dd 命令用于复制文件并对原文件的内容进行转换和格式化处理，这里使用 dd 生成一个大小为 7MB 的文件。

18. wc 命令

wc 命令用于显示文本文件的行数、字数和字符数。

命令格式如下：

```
wc [ 选项 ] 文件名
```

常用选项如下：

- -l：显示文件的行数。
- -c：显示文件的字符数（回车键转化 \n\r，算两个字符）。
- -w：显示文件的字数（以空格分隔）。

【例 3 - 20】 统计 /etc/passwd 文件的行数、字数和字符数。

```
[root@fanhuitest]# wc /etc/passwd
   53  111 2861 /etc/passwd
```

19. echo 命令

echo 命令用于输出结尾带有换行符的字符串。

常用选项如下：

- -e：解释反斜线转义字符。
- -n：禁止换行。

echo 中常用的转义字符序列见表 3 - 4。

表 3 - 4 echo 中常用的转义字符序列

转义字符	含义	转义字符	含义
\n	换行	\t	水平制表符
\c	禁止换行	\\	反斜线 \
\f	换行，但光标仍停留在原来列的位置	\nnn	八进制值（000 ~ 777）
\r	光标移动到行首，输出后回车	\xhh	十六进制值（00 ~ FF）

【例 3 - 21】 echo 命令应用。

```
[root@localhost ~]# echo "hello\rworld"              # 转义字符要和 -e 参数配合才能生效
hello\rworld
[root@localhost ~]# echo -e "hello\r tom"            # 先输出 hello，光标回到行首，再输出 tom
 tomo
[root@localhost ~]# echo  "i love china">test.txt    # 创建一个普通文件
[root@localhost ~]# echo -e "i love china\c"         # 输出后不换行
i love china[root@localhost ~]#
[root@localhost ~]# echo -e "num is \061"            # 输出八进制 061，对应 ascii 码 49
num is 1
[root@localhost ~]# echo -e "num is \x31"            # 输出十六进制 31，对应 ascii 码 49（数字 1）
num is 1
```

20. stat 命令

stat 命令用于显示文件的状态信息（inode、atime、mtime、ctime），它的输出信息比 ls 命令的输出更加详细。

【例 3－22】 显示 test.py 文件的状态信息。

```
[root@fanhui ~]# stat test.py
文件："test.py"
大小：410          块：8          IO 块：4096    普通文件
设备：fd00h/64768d    Inode：16815656    硬链接：1
权限：(0644/-rw-r--r--) Uid：(   0/   root) Gid：(   0/   root)
环境：unconfined_u:object_r:admin_home_t:s0
最近访问：2020-09-17 15:38:42.743207850 +0800
最近更改：2020-04-06 21:10:40.142936439 +0800
最近改动：2020-08-28 17:09:00.538104528 +0800
创建时间：-
```

3.2.2 目录管理

1. mkdir 命令

mkdir 命令用于创建一个目录。mkdir 是 make directory 的缩写。

命令格式如下：

```
mkdir [ 选项 ] 目录名
```

常用选项如下：

- -m：对新建目录设置存取权限。
- -p ：可以指定一个路径名称。如果路径中某些目录不存在，加上此选项后，系统将自动创建那些尚不存在的目录，也就是说，一次可以创建多个目录。

【例 3－23】 在 /home 下创建 test 目录，同时在 test 下创建 tt 目录。

```
[root@fanhui ~]# mkdir -p /home/test/tt
```

2. pwd 命令

pwd 命令用于显示当前目录的绝对路径。

3. cd 命令

cd 命令用于改变当前工作目录，用法类似 Windows 下的 cd 命令。

命令格式如下：

```
cd [ 目录名 ]
```

其中，目录名可以是绝对路径，也可以是相对路径。若目录名省略，则变换至使用者的家目录（也就是登录后默认进入的目录）。

- ~：当前用户的家目录。
- ~用户名：指定用户的家目录。
- .：当前所在的目录。
- ..：当前目录的上一层目录。

【例 3－24】 进入 fanhui 用户的家目录 /home/fanhui，然后进入 /root 目录，最后进入 /root/test。

```
[root@fanhui home]# cd ~fanhui
```

```
[root@fanhui fanhui]# pwd
/home/fanhui
[root@fanhui fanhui]# cd ~root
[root@fanhui ~]# pwd
/root
[root@fanhui ~]# cd test
[root@fanhui test]# pwd
/root/test
```

4. rmdir 命令

rmdir 命令用于删除空目录，如果目录非空，则会报错。该命令只有一个选项“-P”，表示从最后一个路径名开始依次删除空目录。

使用此命令时，一定要保证要删除的目录为空目录，所以实际工作中一般使用前面介绍的功能更强大的 rm 命令。

3.2.3 文件和目录属性

Linux 系统支持针对文件和目录设置额外的属性，以增强安全性。文件和目录的属性描述见表 3－5。

表 3－5 文件和目录的属性描述

属性	含义
a	只允许在这个文件内容后面追加内容，不允许任何进程覆盖或截断这个文件
c	设定文件经过压缩后再进行存储，读取时需要进行自动解压操作
d	当 dump 程序执行时，该文件或目录不会被 dump 备份
i	文件不能被删除、更名，不能创建文件链接，不能写入或新增内容
s	当一个文件被删除后，其块清零并写回磁盘
S	当一个文件被修改时，立即将更改同步写入磁盘
u	当删除一个文件时，系统会自动保留其数据以便以后能够恢复这个文件，用来防止意外删除文件或目录
A	设置文件或目录被访问时，它的最后访问时间记录不会被修改
X	可以直接访问压缩文件的内容

1. lsattr 命令

lsattr 命令用于查看文件和目录的属性。

命令格式如下：

```
lsattr [ 选项 ] [ 文件或目录 ]
```

常用选项如下：

- -a：列出目录中所有文件，包含以“.”开头的隐藏文件。
- -d：按照和文件相同的方式列出目录，而不显示其包含的内容。
- -R：递归地列出目录及其内容属性。
- -v：列出文件的版本 / 生成号码。

2. chattr 命令

chattr 命令用于更改文件和目录的属性。

命令格式如下：

```
chattr [ 选项 ] [ 属性设置 ] [ 文件或目录 ]
```

常用选项如下：

- -R：递归更改目录及其文件的属性。
- -V：打印版本并给出详细的输出信息。
- -f：不显示警告信息。

属性设置如下：

- +< 属性 >：添加文件或目录属性。
- –< 属性 >：删除文件或目录属性。
- =< 属性 >：赋予目录或目录属性。

【例 3－25】 在家目录下创建一个文件 test，防止用户误删除。

```
[root@fanhui ~]# cd /home
[root@fanhui home]# echo "this is a test file">test                # 创建 test 文件
[root@fanhui home]# chattr +i test                                 # 添加 i 属性，防止误删除
[root@fanhui home]# lsattr test                                    # 显示文件属性
----i----------- test
[root@fanhui home]# rm -f test                                     # 由于设置了 i 属性，导致删除失败
rm: 无法删除 "test": 不允许的操作
```

3.2.4　文件的压缩和归档

实际工作中，经常需要备份重要的数据，可以采用压缩方式来减小生成的备份文件的大小，或者通过归档的方式将多个文件归档成一个文件，还可以在归档的同时进行压缩。

1. zip/unzip 命令

这两个命令用于对一般的文件或者目录进行压缩或者解压缩，默认生成以“.zip”为后缀的压缩包。zip 命令类似 Windows 中的 winzip 压缩程序。

命令格式如下：

```
zip [ 选项 ] 压缩文件名 需要压缩的文档列表
unzip [ 选项 ] 压缩文件名
```

（1）zip 命令的常用选项如下：

- -r：递归压缩，将指定目录下的所有文件以及子目录全部压缩。
- -d：从压缩文件中删除指定的文件。
- -i“文件列表”：只压缩列表中的文件。
- -x“文件列表”：压缩时排除文件列表中指定的文件。
- -u：更新文件到压缩文件中。
- -m：将文件加入压缩文件后，删除原始文件。
- -F：尝试修复损坏的压缩文件。

- -T：检查压缩文件内每个文件是否正确无误。
- -num：压缩级别，1 ～ 9 中的一个数字。

（2）unzip 命令的常用选项如下：

- -t：测试压缩文件有无损坏，并不压缩。
- -v：查看压缩文件的详细信息。
- -n：解压时不覆盖已经存在的文件。
- -o：解压时覆盖已经存在的文件，并且不要求用户确认。
- -d：把压缩文件解压到指定目录下。

【例 3－26】 zip 和 unzip 命令的应用。

（1）对 /etc 目录下的所有文件和目录进行压缩，设置压缩级别为最高，保存到 /opt/etc.zip 文件中。

```
[root@fanhui /]# zip -9r /opt/etc.zip /etc
```

（2）对 /var 目录下的所有文件和子目录进行压缩，除了“*.log”文件以外，将压缩文件保存到 /opt 目录下。

```
[root@fanhui opt]# zip -r /opt/var.zip /var -x "*.log"
```

（3）将步骤（1）创建的 /opt/etc.zip 中的 etc/password 文件从压缩包中删除。

```
[root@fanhui opt]# zip /opt/etc.zip -d etc/passwd
```

（4）将 /opt/etc.zip 压缩文件全部解压到 /etc 目录下，除了 etc/inittab 文件。在压缩过程中如果出现相同的文件就直接覆盖，不要求用户确认。

```
[root@fanhui opt]# unzip -o /opt/etc.zip -x etc/inittab -d /etc
```

2. gzip 命令

gzip 命令用于对一般的文件进行压缩或者解压。压缩文件预设的扩展名为“.gz”。

> 注意：gzip 只能对文件进行压缩，不能压缩目录，即使指定压缩对象为目录，也只能压缩目录内的所有文件。

命令格式如下：

```
gzip [ 选项 ] 压缩 / 解压缩的文件名
```

常用选项如下：

- -d：对压缩的文件进行解压。
- -r：递归式压缩指定的目录以及子目录下的所有文件。
- -t：检查压缩文件的完整性。
- -v：对于每个压缩和解压缩的文件，显示相应的文件名和压缩比。
- -l：显示压缩文件的压缩信息，包括压缩文件的大小、未压缩文件大小、压缩比和未压缩文件名称。

- -num：用指定的数字 num 配置压缩比，“-1”表示最低压缩比，“-9”表示最高压缩比，系统默认压缩比为 6。

【例 3－27】 gzip 命令的应用。

（1）对 /etc 目录下的所有文件和子目录进行压缩，备份压缩包 etc.zip 到 /opt 目录，然后对 etc.zip 文件进行 gzip 压缩，设置 gzip 的压缩级别为 9。

```
[root@fanhui opt]# zip -r /opt/etc.zip /etc
[root@fanhui opt]# gzip -9v /opt/etc.zip
/opt/etc.zip:        0.2% -- replaced with /opt/etc.zip.gz
```

（2）查看上述 etc.zip.gz 文件的压缩信息。

```
[root@fanhui opt]# gzip -l /opt/etc.zip.gz
  compressed        uncompressed    ratio    uncompressed_name
  56589465          56718486        0.2%     /opt/etc.zip
```

（3）解压上述 etc.zip.gz 文件到当前目录。

```
[root@fanhui opt]# gzip -d /opt/zip.gz
```

3. tar

tar 是一个归档程序，可以把多个文件打包成一个归档文件或者把它们写入备份设备。归档文件可以压缩，也可以不压缩。

命令格式如下：

```
tar [ 主选项 + 辅助选项 ] 文件或者目录
```

常用的主要选项如下：

- -c：新建归档文件。
- -r：把要归档的文件追加到归档文件的末尾。
- -t：列出归档文件中已经归档的文件列表。
- -x：从打包的归档文件中还原文件。
- -u：更新归档文件，用新建文件替换档案中的原始文件。

辅助选项如下：

- -z：调用 gzip 命令在文件打包的过程中压缩 / 解压文件。
- -w：在还原文件时，把所有文件的修改时间设定为现在的时间。
- -j：调用 bzip2 命令在文件打包的过程中压缩 / 解压文件。
- -f：该选项后面紧跟档案文件的存储设备，默认是磁盘，需要指定档案文件名。如果是磁带，只需指定磁带设备名即可（/dev/st0）。-f 选项之后不能再跟任何其他选项，也就是说，-f 选项必须是 tar 命令的最后一个选项。
- -v：指定在归档的过程中显示各个归档文件的名称。
- -p：在归档的过程中保持文件的属性不发生变化。

【例 3－28】 tar 命令的应用。

（1）将 /etc 目录下的所有文件打包，并显示打包的详细文件，设置打包文件名为 etc.tar，同时保存文件到 /opt 目录下。

```
[root@fanhui ~]# tar -cvf /opt/etc.tar /etc
```

（2）将 /etc 目录下的所有文件打包并压缩，并显示打包的详细文件，设置打包文件名为 etc.tar.gz，同时保存文件到 /opt 目录下。

```
[root@fanhui ~]# tar -czvf /opt/etc.tar.gz /etc
```

（3）显示 /opt/etc.tar.gz 压缩包的内容。

```
[root@fanhui ~]# tar -ztvf /opt/etc.tar.gz
```

（4）将 /opt/etc.tar.gz 解压到 /usr/local/src 下。

```
[root@fanhui ~]#cd /usr/local/src
[root@fanhui ~]# tar -zxvf /opt/etc.tar.gz
```

（5）在当前目录下，仅解压 /opt/etc.tar.gz 压缩文件中的 /etc/inittab 文件。

```
[root@fanhui ~]# tar -zxvf /opt/etc.tar.gz etc/inittab
```

任务 3.3 使用文本编辑器 vi/vim

3.3.1 vi/vim 概述

vi 是 UNIX/Linux 操作系统中最经典的文本编辑器之一，vi 是 visual interface 的缩写。几乎所有的 UNIX/Linux 发行版本都提供了这一编辑器。vi 是全屏幕文本编辑器，它只能编辑字符，不能对字体、段落等进行排版。vi 没有菜单，只有命令，而且命令丰富。另外，文本编辑还可以使用 vim，vim 是 vi 的增强版，兼容 vi，并提供了很多附加功能，如语法高亮、自动补全等，vim 在程序员中使用广泛。

3.3.2 vi/vim 的 3 种模式

vi/vim 可以分为 3 种模式，分别是命令模式、插入模式和底行模式，各模式的功能如下：

1. 命令模式

命令模式是启动 vi/vim 后进入的工作模式，并可以转化为插入模式或底行模式。在命令模式下，从键盘上输入的任何字符都被当作命令来解释，而不会在屏幕上显示。如果输入的字符是合法的 vi/vim 命令，则 vi/vim 完成相应的动作，否则响铃报警。命令模式切换到插入模式只需输入相应的命令即可（如 a、i），而要从插入模式切换到命令模式，则需在插入模式下按【ESC】键。

2. 插入模式

插入模式主要用于字符编辑，只有在该模式下才可以进行文字输入。在命令模式下输入 i（插入命令）、a（添加命令）等命令则进入插入模式。此后，输入的任何字符都被当作普通字符显示在屏幕上。

3. 底行模式

在命令模式下，按【：】键可进入底行模式，此时 vi 会在屏幕的底部显示"："作为底行模式的提示符，等待用户输入相关命令。命令执行完毕后，vi 自动回到命令模式。

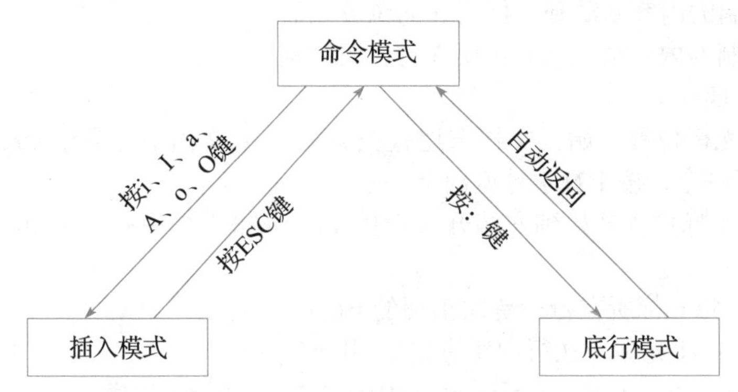

图 3－1 vi/vim 的 3 种模式

3.3.3 vi/vim 的常用命令

008 vim 编辑器的使用

vi/vim 是一个功能强大的命令行文本编辑工具，提供了大量的命令，而且在不同模式下支持的命令也有所不同，下面对常用的命令进行介绍。

1. 进入插入模式

- i：在当前光标所在处之前插入文本。
- I：将光标移动到当前行的行首，并在行首前插入文本。
- a：在当前光标所在处之后插入文本。
- A：将光标移动到当前行的行末，并在行末后插入文本。
- o：在光标所在行的下面插入 1 行，并将光标移动到新行的行首插入文本。
- O：在光标所在行的上面插入 1 行，并将光标移动到新行的行首插入文本。

2. 文本编辑

- x：删除光标所在位置的字符。
- nx：删除光标所在位置开始的 *n* 个字符，例如 3x 表示删除 3 个字符。
- X：删除光标所在位置的前 1 个字符。
- nX：删除光标所在位置的前 *n* 个字符。
- dw：删除光标所在位置的单词。单词是以空格为分隔符的。
- ndw：删除光标所在位置开始的 *n* 个单词。
- dd：删除光标所在行。
- ndd：删除光标所在行开始的 *n* 行。
- d0：删除光标所在行的第 1 个字符到光标所在位置的前 1 个字符之间的内容。
- d$：删除光标所在位置到光标所在行的最后 1 个字符之间的内容。
- u：撤销上一次操作。
- .：重复上一次操作。

3. 复制粘贴

- yw：复制光标所在位置到单词末尾之间的字符。
- nyw：复制光标所在位置之后的 *n* 个单词。
- yy：复制光标所在的行。

- nyy：复制由光标所在行开始的 *n* 行。
- p：将复制的内容粘贴到光标所在的位置之后。
- P：将复制的内容粘贴到光标所在的位置之前。

4. 查找和替换

- /str ：从光标位置开始到文档末尾查找 str，如果文档中有多个 str，按【 N 】键继续查找下一个，按【 N 】键返回上一个。
- ?str ：从光标位置开始到文档开头查找 str，如果文档中有多个 str，按【 N 】键继续查找下一个。
- :s/p1/p2：将光标所在行中首次出现的 p1 用 p2 替换。
- :s/p1/p2/g：将光标所在行中所有的 p1 用 p2 替换。
- :n1,n2s/p1/p2/g：将第 n1 行到 n2 行中所有的 p1 用 p2 替换。
- :g/p1/s//p2/g：将文档中所有的 p1 用 p2 替换。

5. 底行模式命令

- :w：保存当前文件。
- :w!：强制保存。
- :x：存盘并退出。
- :w file：将当前编辑的内容写到文件 file 中。
- :q：退出 vi。
- :q!：不保存文件退出 vi。
- :e file：打开并编辑文件 file，如果文件不存在则创建一个新文件。
- :r file：把文件 file 的内容添加到当前编辑的文件中。
- :!command：执行 shell 命令 command。
- :r!command：将命令 command 的输出结果添加到当前行。
- :n1,n2 w file：将第 n1 行到第 n2 行的文本保存到指定的文件 file 中。
- :set nu：为每一行加上行号。
- :set nonu：不显示行号。
- :n1,n2 co n3：将从第 n1 行到第 n2 行之间（包括 n1,n2 行本身）的所有文本复制到第 n3 行之下。
- :n1,n2 m n3 ：将从第 n1 行到第 n2 行之间（包括 n1,n2 行本身）的所有文本移动到第 n3 行之下。
- :n1,n2 d：删除从第 n1 行到第 n2 行（包括 n1,n2 行本身）之间的所有文本。

项目实训

一、实训主题

在应用程序存放的目录 /usr 中创建一个子目录 data，然后在其下创建两个名为 dira 和 dirb 的子目录，在子目录 dira 中创建一个内容为“ hello Linux ”的文件 test，在子目录 dirb 中创建一个软链接 tt.lnk，指向 dira 目录下的 test 文件。显示 data 目录下的 dira、 dirb 子目录下的文件的详细信息，将 /usr/dira/test 文件更名为 test.old，再将 test.old 复制到 /home 目录下并更名为 test.new。最后删除 data 目录。

二、实训分析

1. 操作思路

使用与文件和目录管理相关的 shell 命令来实现项目要求。

2. 所需知识

（1）创建目录可以使用 mkdir 命令。

（2）创建简单文件内容可以使用 echo 命令。

（3）创建链接文件可以使用 ln 命令。

（4）显示文件和目录详细信息可以使用 ls 命令。

（5）删除文件和目录可以使用 rm 命令。

三、实训步骤

【步骤 1】在目录 /usr 中创建目录 data，然后创建两个子目录 dira 和 dirb。

```
[root@fanhui ~]# mkdir -p /usr/data/{dira,dirb}
```

【步骤 2】创建内容为“hello Linux”的普通文件 test。

```
[root@fanhui ~]# cd /usr/data/dira
[root@fanhui dira]# echo "hello Linux">test
```

【步骤 3】创建软链接。

```
[root@fanhui dira]# cd ../dirb
[root@fanhui dirb]# ln -s ../dira/test tt.lnk
```

【步骤 4】查看目录内容。

```
[root@fanhui dirb]# cd ..
[root@fanhui data]# ls -Rl dira dirb
dira:
总用量 4
-rw-r--r--. 1 root root 12 8 月   21 08:53 test
dirb:
总用量 0
lrwxrwxrwx. 1 root root 12 8 月   21 08:54 tt.lnk -> ../dira/test
```

【步骤 5】文件更名并拷贝。

```
[root@fanhui data]# cd dira
[root@fanhui dira]# mv test test.old
[root@fanhui dira]# cp test.old /home/test.new
```

【步骤 6】删除子目录。

```
[root@fanhui data]# cd /usr
[root@fanhui usr]# rm -rf data
```

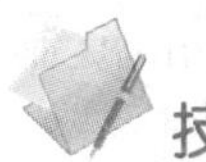

技能检测

一、选择题

1. 查看文件 a.txt 前 10 行内容的命令是（　　）。

A. head -n 10 a.txt　　B. more -n 10 a.txt

C. tail a.txt　　D. less -n 10 a.txt

2. 输入“cd ~”命令并按回车键后会有什么结果？（　　）。

A. 从当前目录切换到根目录

B. 屏幕上显示当前目录

C. 从当前目录切换到当前用户的主目录

D. 从当前目录切换到上一级目录

3. ls *.* 命令用于返回文件的列表，那么如何描述被列出的文件？（　　）。

A. 当前目录中所有文件列表

B. 当前目录中所有非隐藏文件列表

C. 当前目录中所有名称中有“.”的文件列表，不包括隐藏文件

D. 当前目录中所有名称中有“.”的文件列表，包括隐藏文件

4. 输入 shell 命令时，选项和参数之间用（　　）隔开。

A. %　　B. !　　C. ~　　D. 空格

5. 将系统时间修改为 2021 年 6 月 1 日 0 时 0 分的命令是（　　）。

A. date 060100002021　　B. date 2106010000

C. date 0000060121　　D. date 202106010000

6. 设超级用户 root 当前所在目录为：/usr/local，键入 cd 命令后，用户当前所在目录为（　　）。

A. /home　　B. /root　　C. /home/root　　D. /usr/local

7. 关于归档和压缩命令，下列选项中描述正确的是（　　）。

A. gzip 命令可以解压缩由 zip 命令生成的扩展名为 .zip 的压缩文件

B. unzip 命令和 gzip 命令可以解压缩相同类型的文件

C. tar 命令归档且压缩的文件可以由 gzip 命令解压缩

D. tar 命令归档后的文件也是一种压缩文件

二、简答题

1. 什么是绝对路径与相对路径？如果要由 /usr/share/doc 进入 /usr/share/man，写出相对路径与绝对路径。

2. 什么是符号链接？什么是硬链接？符号链接与硬链接的区别是什么？

3. 目录 /test 下有两个文件 hello.c 和 hello.c.bz2，使用 tar 命令进行归档压缩，并输出为 hello.tar.gz，再将其复制到 /backup 目录下，最后将 hello.tar.gz 解压缩。请写出具体的命令。

项目 4

shell 命令进阶

项目导读

本项目将详细介绍 shell 高级命令的使用，包括通配符、管道、输入输出重定向、命令序列、引用、自动补全和历史记录，使用这些高级命令可以写出功能强大的 shell 命令组合。

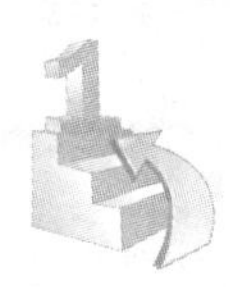

学习目标

- 理解通配符、管道、重定向、命令序列、引用的含义。
- 能够熟练使用通配符、管道、引用。
- 能够根据需要编写命令序列。
- 能够看懂和编写输入输出重定向命令。

课程思政目标

在学习的过程中注重培养科学探索精神，深入思考现象背后隐藏的科学道理，注重加强自身的科学文化素养。

任务 4.1　认知通配符

通配符的作用主要是方便用户对文件或者目录进行描述。例如，当用户仅仅需要以“.tar”结尾的文件时，使用通配符就能很方便地实现。通配符通常是一些特殊符号，用户可以在命令行的参数中使用这些符号，以进行文件名或者路径名的匹配。shell 将把与命令行中指定的匹配规则符合的所有文件名或者路径名作为命令的参数，然后执行这个命令。

bash 中常用的通配符有：*、?、[]、^ 等。bash 是 shell 的一种，bash 是 Linux 系统默认使用的 shell。

4.1.1 通配符“*”

通配符“*”可以匹配 0 个或者多个字符。a* 可表示以 a 开头的任何字符串，如：a、abc、about、agent 等。不过需要注意的是通配符“*”不能与“.”开头的文件名匹配。例如，“*”不能匹配名为“.file”的隐藏文件，而必须使用“.*”才能匹配。

4.1.2 通配符“?”

通配符“?”匹配一个字符。如 a? 代表 ab、ac、an 等以 a 开头并仅有两个字符的字符串。

4.1.3 通配符“[ ]”

通配符“[ ]”匹配任何包含在方括号内的单字符，方括号内的任意一个字符都用于匹配。如 sda[1-5] 表示以 sda 开头，第 4 个字符是 1、2、3、4 或 5 的字符串。“1-5”表示匹配范围，因此 sda[12345] 等效于 sda[1-5]。

4.1.4 通配符“^”或者“!”

通配符“^”或者“!”表示不在范围之内的其他字符。如 ls [^bc]* 表示首字符不是 b 或 c 的文件。

4.1.5 通配符的组合使用

在 Linux 下，通配符也可以组合使用。

【例 4－1】 通配符的应用。

```
rm a*out*tmp?
```

该命令可以删除一系列以 a 开头、tmp 加一个字符结尾的临时性文件，如 about.temp2、a.out.temp1 等。

```
ls [a-z]*
```

该命令用于列出首字母是小写字母的所有文件。

任务 4.2 管道的应用

管道是 shell 的另一大特性，用于将多个命令连接起来形成一个管道流。管道流中的每个命令都作为一个单独的进程运行，前一个命令的输出结果传送到后一个命令作为输入，从左到右依次执行每个命令。

通过管道符“|”或者“|&”来实现管道功能。“|”表示左边命令的标准输出作为右边命令的标准输入，“|&”表示左边命令的标准错误输出作为右边命令的标准输入。

【例 4－2】 管道的应用。

```
cat /etc/passwd | wc -l
```

这组命令表示统计 /etc/passwd 文件的行数。

```
make |& tee make.err
```

这组命令表示将 make 命令执行时的出错信息作为 tee 命令的标准输入，创建文件 make.err。

任务 4.3　输入输出重定向的应用

在 Linux 下执行 shell 命令时，系统会自动打开 3 个标准文件，即标准输入、标准输出和标准错误输出。

009　输入输出重定向

- 0 号文件描述符，标准输入，默认指向 /dev/stdin（表示键盘），缩写为 stdin。
- 1 号文件描述符，标准输出，默认指向 /dev/stdout（表示屏幕），缩写为 stdout。
- 2 号文件描述符，标准错误输出，默认指向 /dev/stderr（表示屏幕），缩写为 stderr。

用户的 shell 将键盘默认为标准输入，默认的标准输出和标准错误输出为屏幕，也就是说，用户从键盘输入命令，然后将结果和错误消息输出到屏幕。

所谓的重定向，就是不使用系统默认的标准输入、标准输出和标准错误输出，而是重新指定，因此重定向分为：输入重定向、输出重定向和错误输出重定向。要实现重定向就需要了解重定向操作符，shell 根据重定向操作符来决定重定向操作。

4.3.1　输入重定向

输入重定向用于改变命令的输入源，利用输入重定向可以将一个文件的内容作为命令的输入，而不是从键盘输入。

用于输入重定向的操作符有“<”和“<<”。

【例 4－3】 输入重定向的应用。

```
[root@localhost ~]#wc </etc/passwd
```

这条命令表示用 wc 命令统计输入给它的文件 /etc/passwd 的行数、单词数和字符数。

输入重定向操作符“<<”表示命令的标准输入来自命令行中一对分割号之间的内容。

4.3.2　输出重定向

输出重定向不是将命令的输出结果在屏幕上输出，而是输出到一个指定的文件中。在 Linux 下输出重定向使用得较多。例如，某个命令的输出很长，一个屏幕无法显示完整，这时可以将命令的输出指定到一个文件，然后用 more 命令查看这个文件，从而得到命令输出的完整信息。

输出重定向的操作符有“>”和“>>”。

【例 4－4】 输出重定向的应用。

```
[root@localhost ~]#top -a >top.txt
```

这条命令将 top -a 输出的进程信息全部输出到 top.txt 文件，而不是输出到屏幕。可以用 more 命令查看 top.txt 文件中系统运行的进程信息。

如果在“>”后面指定的文件不存在，shell 会自动创建一个；如果文件存在，则会将这个文件原有的内容覆盖。

如果不想覆盖存在的文件，可以使用“>>”附加输出重定向操作符。

4.3.3 错误重定向

和标准输出重定向一样，可以使用“2>”和“2>>”实现对错误输出的重定向。表 4－1 列出了常见的重定向实例。

表 4－1 常见的重定向实例

序号	重定向方式	说明
1	[n]>targe 或者 [n]>>target	输出重定向（n 号文件描述符指向 target），前者先清空 target 的内容，后者追加到 target 末尾
2	>/tmp/file.txt >/dev/null	前者标准输出重定向到 /tmp/file.txt，如果文件存在且有内容，则先清空它；后者将标准输出重定向到“无底洞”文件 /dev/null，任何写入它的输出都会被抛弃，此时屏幕上不再显示标准输出内容，相当于清空标准输出内容
3	>>/tmp/file.txt	将标准输出追加到文件的末尾（不清空文件中原来的内容）
4	2>abc.err	2 号文件描述符（标准错误输出）重定向到文件 abc.err，如果文件存在且有内容，就先清空它
5	1>>123.log 2>321.err	标准输出重定向到 123.log，标准错误输出重定向到 321.err，如果文件 321.err 存在且有内容，就先清空它
6	>&okanderr.txt	标准输出和标准错误输出都重定向到文件 okanderr.txt
7	>file.log 2>&1	标准输出和标准错误输出都重定向到文件 file.log
8	2>&1>file.log	标准错误输出到屏幕，标准输出重定向到 file.log，等价于 >file.log

任务 4.4 命令序列的应用

用“;”“&”“&&”“||”连接在一起的命令称为一个命令序列。用“;”连接的命令从左至右依次被执行，最后执行的命令的返回状态就是整个命令序列的返回状态。

（1）在一个命令序列后加“&”，表示该命令将在后台执行，即在子 bash 中执行，一些执行时间较长又无须交互的程序适合在后台执行，比如打包压缩命令。

```
tar -czPf etc.tar.gz /etc/*&
```

（2）用“&&”连接的命令序列的执行过程是：当且仅当左边的命令执行成功时，才执行右边的命令。

【例 4－5】“&&”命令序列的应用。

```
[root@localhost ~]# mkdir /home/abc && cd /home/abc
[root@localhost abc]#
[root@localhost abc]# mkdir /etc && echo 'success!'
mkdir: cannot create directory ‘/etc’ : File exists
```

（3）用“||”连接的命令序列的执行过程是：当且仅当左边的命令执行失败时，才执行右边的命令。

【例 4－6】“||”命令序列的应用。

```
[root@localhost abc]# mkdir /etc 2>/dev/null || echo 'failure!'
failure!
```

（4）混合使用“&&”和“||”可以达到意想不到的效果。

【例 4－7】“&&”和“||”命令序列的应用。

```
[root@localhost home]# mkdir abc >&/dev/null && echo 'success!' || echo 'failure!'
```

当目录 abc 创建成功后会在屏幕上显示 success！，否则显示 failure！。

任务 4.5 shell 的引用

在 bash 中有很多的特殊字符，这些字符本身就具有特殊含义。如果在 shell 参数中使用它们，就会出现问题。对此，Linux 使用“引用”技术来忽略这些字符的特殊含义，引用技术就是通知 shell 将这些特殊字符当作普通字符处理。shell 中用于引用的字符有转义字符“\”、单引号“'”、双引号“""”和反引号“`”。

4.5.1 转义字符“\”

如果将“\”放到特殊字符前面，shell 就忽略这些特殊字符的含义，把它们当作普通字符对待。

【例 4－8】转义字符“\”的应用。

```
[root@localhost test]# ps alx|grep "\-100"
1  0  7  2 -100  -  0     0 smpboo S    ?   0:00 [migration/0]
[root@localhost test]# mv c:\\hello hello
[root@localhost test]# ls
hello
```

因为文件名 c:\hello 中含有特殊字符“\”，因此使用了转义字符“\”。

4.5.2 单引号“'”

如果将字符串放到一对单引号之间，那么字符串中所有字符的特殊含义将被忽略。

【例 4－9】单引号“'”的应用。

```
[root@localhost ~]#mv 'c:\hello' hello
```

4.5.3 双引号“""”

双引号的引用与单引号基本相同，区别在于单引号会忽略其内的特殊字符（直接引用字符串），而双引号会对其内的“$”“\”“`”这 3 种特殊字符先进行解释，再以解释后的含义替换字符本身的含义，然后输出。

【例 4－10】双引号“" "”的应用。

```
[root@localhost test]# shell="the current shell is '$SHELL'"
```

```
[root@localhost test]# echo $shell
the current shell is '/bin/bash'
```

4.5.4　反引号“`”

反引号（也叫倒引号）的作用和用法与在双引号内的变量引用相似，在 shell 中会将反引号内的字符串视作命令来执行，并将执行后的结果输出。如果反引号内的字符不能被识别，那么在输出时就是空值。

【例 4－11】 反引号“`”的应用。

```
[root@localhost test]# echo "date is `date`"
date is Thu Oct 19 15:37:42 CST 2017
```

任务 4.6　认识 shell 的自动补全

所谓自动补全，是指用户在输入命令时不需要输入完整的命令，只需要输入命令的前几个字符，系统便会根据环境变量信息提示出与其相匹配的文件或命令，这可以大大提高工作效率。利用【 Tab 】键可以实现自动补全功能，可以自动补全命令名、文件名和目录名。

【例 4－12】 自动补全的应用。

```
[root@localhost test]# dir < 按 tab 键 >
dir        dircolors    dirname      dirs
```

任务 4.7　shell 历史记录的应用

shell 可以记录一定数量的已执行过的命令，当用户需要再次执行时，不用重新输入，直接调用即可。实际上，每个用户的主目录下都有一个名为“ .bash_history”的隐藏文件，用于保存执行过的 shell 命令。

当用户退出登录或关机后，本次操作中使用过的所有 shell 命令便会追加保存在该文件中。bash 默认最多保存 1 000 个 shell 命令的历史记录。

4.7.1　历史记录的调用方法

（1）使用上下方向键、【 PageUp 】键、【 PageDown 】键。

（2）先使用 history 命令查看历史命令，然后调用已执行过的 shell 命令。

4.7.2　history 命令

命令格式如下：

```
history  [num]
```

功能：查看命令的历史记录。如果不使用 num 参数，则查看所有的 shell 命令的历史记录，否则，查看最近执行过的指定个数的 shell 命令。

每个已经执行过的 shell 命令前都有一个号码，用于反映其在历史记录列表中的编号。

再次执行已经执行过的 shell 命令：

```
! command_num
```

清除历史命令记录：

```
history -c
```

【例 4-13】 历史命令的应用。

```
[root@localhost test]# history 4
    1  ll
    2  echo "hello"
    3  wc /etc/passwd
    4  history 4
[root@localhost test]# !1
ll
total 2
-rw-r--r--. 1 root root 6 Oct 19 14:52 hello
```

一、实训主题

shell 命令的高级应用。

二、实训分析

1. 操作思路

综合使用输入输出重定向、命令序列、管道完成复杂 shell 命令的组合。

2. 所需知识

（1）输入输出重定向：>、<、>>。

（2）命令序列：&&、||。

（3）管道：|。

三、实训步骤

【步骤 1】查找 /etc/passwd 文件中是否存在用户“fanhui”，如果存在，输出其所在行的信息；如果不存在，输出“failure”。

```
[root@fanhui ~]# more /etc/passwd | grep -n -w "fanhui" || echo "failure"
55:fanhui:x:1000:1000:fanhui:/home/fanhui:/bin/bash
[root@fanhui ~]# more /etc/passwd | grep -n -w "fan" || echo "failure"
failure
```

【步骤 2】假设有一个应用程序 myapp，每次启动时需要用户从键盘输入用户名和密码，非常麻烦。另外，程序运行过程中，有时会输出大量的错误信息，干扰用户正常使用。可采用以下方法解决。

```
[root@fanhui ~]# echo "fanhui  a1b2c3">password
[root@fanhui ~]# ./myapp <password 2>/var/tmp/myapp.log
```

【步骤 3】列出当前目录及其子目录下的文件中包含 print 但不包含 stdout 的文件名和匹配的行，然后将查到的内容重新生成一个 myfound 文件。

```
[root@fanhui fanhui]# grep -r "print" * |grep -v "stdout" >myfound
```

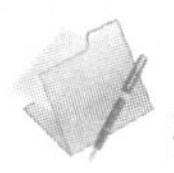

技能检测

一、选择题

1. 普通用户执行 ls -l /root >/tmp/root.ls 命令的结果是（　　）。

A. 显示 /root 目录和 /tmp/root.ls 文件的详细列表

B. 显示 /root 目录的详细列表，并重定向输出到 /tmp/root.ls

C. 报告错误信息

D. 将 /root 目录的详细信息重定向输出到 /tmp/root.ls，并将错误信息显示在屏幕上

2. 当前的工作目录中有以下文件：parrot pelican penguin。当输入"ls -l pa"后按【Tab】键，将发生什么情况？（　　）

A."pa"将扩展为"parrot"

B. 什么也不发生

C."pa"将扩展为"parrot"，然后执行 ls 命令

D."pa"将扩展为"pelican"

二、简答题

1. 解释以下命令的作用：

```
grep/bin/bash/etc/passwd  2>/dev/null && cat/etc/passwd  |  wc -l
```

2. 解释以下命令的输出结果：

（1）echo "my current directory is `pwd`"

（2）echo 'my current directory is `pwd`'

（3）echo "my logname is $LOGNAME"

（4）echo "my logname is \$LOGNAME"

（5）echo "my logname is `$LOGNAME`"

（6）echo "current time is" ` date +$H:%I `

项目 5

用户和组群的管理

项目导读

要使用系统提供的软硬件资源，必须具有系统的用户账户，每个账户都有一定的权限，组群是相同权限用户账户的集合，使用组群可以方便对用户权限进行管理。本项目将详细介绍用户账户和组账户的创建、删除、修改等 shell 命令。

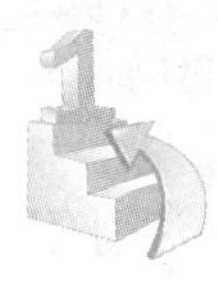

学习目标

- 理解用户和组群的概念。
- 了解用户账户的分类。
- 掌握用户账户的创建、修改、切换和删除等 shell 命令的使用。
- 掌握组账户的创建、修改、切换和删除等 shell 命令的使用。

课程思政目标

保持严谨细心的工作态度，遵循系统性、顶层设计理念，明白“千里之堤，毁于蚁穴”的道理。

任务 5.1　管理用户

5.1.1　用户概述

Linux 是一个多任务、多用户的操作系统，任何一个要使用系统资源的用户，都必须先申请一个账户，然后通过这个账户登录系统。不同的用户具有不同的权限，每个用户可在权限允许的范围内完成不同的任务，Linux 通过对权限的划分和管理来实现多用户、多任务的运行机制。

用户账户一方面可以帮助系统对使用系统的用户进行跟踪，并合理利用和控制系统资源；另一方面也可以帮助用户组织文件，提供对文件的安全性保护。

每个用户都有一个唯一的账户名和密码，登录系统时，只有正确输入账户名和密码，才能进入系统，使用系统资源。

Linux 下的用户可以分为三类：超级用户、系统用户和普通用户。

（1）超级用户。账户名为 root，具有对系统管理的最高权限，只有进行系统维护（例如创建用户）时或在其他必要情形下才可以超级用户身份登录，这样可以避免系统出现安全问题。

（2）系统用户。Linux 系统正常工作所必需的内建用户，主要是为了满足相应的系统进程对文件属主的要求而建立的，如 bin、daemon、adm、lp 等用户。系统用户也被称为虚拟用户，不能用来登录。

（3）普通用户。这是为了让用户能够使用 Linux 系统资源而建立的，具有受限的权限，大多数用户属于此类。普通用户能够对自己目录下的文件进行访问和修改。

每个用户都有一个“用户 ID”，称为 UID。在 Linux 中，超级用户的 UID 为 0；系统用户的 UID 范围为 1 ～ 999，默认从 201 开始，最大 999；普通用户的 UID 范围为 1 000 ～ 60 000，默认从 1 000 开始。具体可以查看 /etc/login.defs 文件。

Linux 系统采用文本文件来保存用户账户的各种信息，其中最重要的文件有 /etc/passwd、/etc/shadow。Linux 用户登录系统的过程实质上是系统读取和核对这几个文件的过程。账户的管理实际上就是对这几个文件的内容进行添加、修改和删除记录行的操作。

1. /etc/passwd——用户账户文件

/etc/passwd 文件是一个文本文件，是账户管理中最重要的文件之一，每一个注册用户在该文件中都有一个对应的记录行，记录了账户的必要信息。

/etc/passwd 文件的部分输出如下：

```
[root@fanhui ~]# head -n 2 /etc/passwd
root:x:0:0:root:/root:/bin/bash
bin:x:1:1:bin:/bin:/sbin/nologin
[root@fanhui ~]# tail -n 1 /etc/passwd
fanhui:x:1000:1000:fanhui:/home/fanhui:/bin/bash
```

文件格式如下：

```
账户名：密码：用户标识号 UID：组标识号 GID：注释性描述：主目录：默认 shell
```

（1）账户名：代表用户账户的字符串。

（2）密码：存放着经过加密后的密码，而不是真正的密码，若为“ x”，说明密码已经被移动到 shadow 这个加密过后的文件。

（3）UID：用户的标识，是一个数值，Linux 系统内部通过它来区分不同的用户。

（4）GID：用户所在组的标识，是一个数值，Linux 系统内部通过它来区分不同的组，相同的组具有相同的 GID。

（5）注释性描述：是对用户的描述信息，比如用户的住址、电话、姓名等。

（6）主目录：用户登录系统后默认所处的目录，也就是主目录或家目录。root 的主目录为 /root，普通用户通常是 /home/ 下的同名子目录。

（7）默认 shell：定义用户登录后使用的命令解释器，默认是 bash。

2. /etc/shadow——用户密码文件

任何用户对 passwd 文件都有读的权限，虽然密码经过加密（使用 SHA 数字签名算法），但还是不能避免有人会获取加密后的密码。安全起见，Linux 系统对密码提供了进一步保护，即把加密后的密码移动到 /etc/shadow 文件中，只有超级用户能够读取 shadow 文件的内容，并且 Linux 在 /etc/shadow 文件中设置了很多的限制参数。经过 shadow 的保护，/etc/passwd 文件中每一记录行的密码字段都会变成“x”，并且在 /etc 目录下多出文件 shadow。

/etc/shadow 文件的部分输出如下：

```
[root@localhost ~]# head -n 2 /etc/shadow
root:$6$XLr9AVGA9BJ94f9M$l044aCxOaHFKjEy4dYO7f:17469:0:99999:7:::
bin:*:17469:0:99999:7:::
```

文件格式如下：

```
用户名：加密密码：最后一次修改时间：最小时间间隔：最大时间间隔：警告时间：不活动时间：失效时间：保留字段
```

（1）用户名：与 /etc/passwd 文件中的用户名的含义相同。

（2）加密密码：存放的是加密后的用户密码字串，如果是“ * ”，则对应的用户被禁止登录，为“！”表示用户被锁定，不能登录系统。

（3）最后一次修改时间：表示从 1970 年 1 月 1 日起到用户最近一次修改密码的间隔天数。

（4）最小时间间隔：表示两次修改密码之间的最小时间间隔。

（5）最大时间间隔：表示两次修改密码之间的最大时间间隔。

（6）警告时间：表示从系统开始警告用户到密码正式失效之间的天数。

（7）不活动时间：表示用户密码作废多少天后，系统会禁止此用户。

（8）失效时间：表示该用户的账户生存期，超过这个设定时间，账户失效。

（9）保留字段：Linux 保留字段，目前为空，以备 Linux 日后发展之用。

5.1.2 增加用户

1. useradd 命令

只有超级用户 root 才有权使用此命令。使用 useradd 命令创建新的用户账户后，应使用 passwd 命令为新用户设置密码。

命令格式如下：

```
useradd [ 选项 ] 用户账户
```

常用选项如下：

- -u：指定用户的 UID。
- -g：指定用户所属的主组，但该组必须已经存在，采用组名或 GID 皆可，如 -g 100 与 -g users 的意思相同，都是把用户加入 users 用户组中，其中 users 用户组的 GID 为 100。
- -G：指定用户所属的附加组。
- -d：指定用户的家目录。
- -s：指定用户登录后的 shell。

- -e：设置账户的期限，格式为“MM/DD/YY”。
- -m：创建用户的同时创建用户主目录。
- -c：用户注释信息。

【例 5-1】 创建一个名为 test 的用户，UID 为 600，GID 为 600，家目录为 /home/test，登录后所使用的 shell 解释器为 /bin/bash，注释信息为 normal user，用户所属的主组为 student，附加组为 testg，过期时间为 2025 年 1 月 1 日。

```
[root@fanhui ~]# groupadd -g 600 student      # 创建组
[root@fanhui ~]# groupadd -g 700 testg        # 创建用户所属的组
[root@fanhui ~]# useradd -u 600 -g 600 -G 700 -c "normal user" -s /bin/bash -d /home/test -m -e 01/01/2025 test
```

2. passwd 命令

添加完用户账户后应立即修改用户密码。只有 root 用户可以修改其他用户的密码，普通用户只能修改自己的密码。

命令格式如下：

```
passwd [ 选项 ] [ 用户 ]
```

常用选项如下：

- -d：删除用户的密码。
- -l：暂时锁定用户的账户。
- -u：解除用户账户的锁定。
- -S：显示指定用户账户的状态

修改用户账户的密码时需要输入两次密码进行确认。密码是保证系统安全的一个重要措施，在设置密码时，不要使用过于简单的密码。安全起见，密码最好具备以下特性：

（1）密码中含有多个特殊字符（如 $#@^&*）及数字键等。

（2）密码长度至少 6 位。

（3）没有特殊意义的字母或数字组合（如姓名、生日），并且夹杂特殊字符。

【例 5-2】 修改当前用户的密码，然后修改名为 fanhui 的用户的密码，最后锁定 test 用户。

```
[root@fanhui ~]# passwd
Changing password for user root.
New password:
Retype new password:
passwd: all authentication tokens updated successfully.
[root@fanhui ~]# passwd fanhui
Changing password for user fanhui.
New password:
Retype new password:
passwd: all authentication tokens updated successfully.
[root@fanhui ~]# passwd -l test
Locking password for user test.
passwd: Success
```

5.1.3 修改用户

使用 usermod 命令来修改用户的账户属性。
命令格式如下：

```
usermod [ 选项 ] 用户账户
```

常用选项如下：
- -l：更改账户的名称，必须在该用户未登录的情况下更改。
- -m：把主目录的所有内容移动到新的目录。
- -p：修改用户的密码，密码不显示明文，而是经过加密后的字符串。
- -s：修改用户的登录 shell。
- -d：修改用户的主目录。
- -L：锁定账号。
- -U：解锁账号。

【例 5-3】 修改用户 test 的属性，使其不能登录系统。

```
[root@fanhui ~]# usermod -s /sbin/nolgin test
```

5.1.4 删除用户

使用 userdel 命令来删除用户账户。
命令格式如下：

```
userdel [ 选项 ] 账户名
```

常用选项如下：
- -f：强制删除用户，即使用户当前已登录。
- -r：删除用户的同时，删除与用户相关的所有文件。

【例 5-4】 删除 test 用户的同时删除其所属的文件。

```
[root@fanhui ~]# userdel -rf test
```

5.1.5 切换用户

使用 su 命令来切换用户身份，su 命令可以更改用户 ID 和组 ID。

su 后面不加用户则默认切换到 root，不改变环境变量，只改变权限；su- 是改变 root 用户的环境变量及权限。

使用“su 用户名”时，将当前用户切换为指定的用户，但是用户的环境设置不变。

使用“ su- 用户名”时，从当前用户切换到指定的用户，使用新用户的环境变量和权限。

【例 5-5】 认识 su 和 su- 的区别。

```
[fanhui@fanhui ~]$ pwd
/home/fanhui
[fanhui@fanhui ~]$ su -
```

```
密码：
上一次登录：四 08 月 23 09:49:56 CST 2020 pts/0 上
[root@fanhui ~]# pwd
/root
[root@fanhui ~]# su fanhui
[fanhui@fanhui root]$ pwd
/root
```

010 sudo 命令的使用

5.1.6 以其他身份执行命令

1. sudo 命令

sudo 命令用于以其他用户身份来执行命令，预设的用户身份为 root。命令格式如下：

```
sudo [选项] [参数]
```

常用选项如下：

- -b：在后台执行命令。
- -u：将指定的用户作为新的身份，不加此参数表示将 root 作为新的身份。
- -s：执行指定的 shell。

参数表示要执行的命令。

使用 sudo 命令时，需要将用户账号添加到 /etc/sudoers 文件。

2. visudo 命令

使用 visudo 命令修改该文件内容。

命令格式如下：

```
username ALL=（ALL）ALL
```

依次表示：用户账号 登录主机 =（可以变换的身份）可以执行的命令。

【例 5-6】 test 用户可以使用 root 用户身份执行 ls 命令。

```
[root@fanhui ~]# visudo  # 进入后按 i 键，在文件末尾添加一行 test fanhui=/bin/ls
[root@fanhui ~]# su - test
上一次登录：三 5 月 27 09:48:45 CST 2020tty2 上
[fanhui@fanhui ~]$ sudo ls
[sudo] password for test:
1.png  1.sh  input.txt  io.py  my.py  passwd.txt  test.py  公共  模板  视频  图片  文档  下载  音乐  桌面
[fanhui@fanhui ~]$ sudo mkdir /root/test
对不起，用户 test 无权以 root 的身份在 fanhui.localdomain 上执行 /bin/mkdir /root/test。
```

任务 5.2 管理组群

5.2.1 组概述

组是具有相同特征的用户的逻辑集合。有时需要让多个用户具有相同的权限，比如查看、修改某一文件的权限。一种方法是分别对多个用户进行文件访问授权，这种方法显然不太合理，工作量太大。另一种方法是建立一个组，让这个组具有查看、修改此文件的权限，然后将所有需要访问此文件的用户放入这个组，那么所有用户就具有了和组一样的权限，这就是组群。对于 Linux 系统管理员来说，通过管理组群来管理用户，简化了管理工作，提高了效率。

用户和组的关系有：一对一、一对多、多对一、多对多。

- 一对一：一个用户可以存放在一个组群中，也可以是组群中的唯一成员。
- 一对多：一个用户可以存放在多个组群中，这时用户具有多个组的权限。
- 多对一：多个用户可以存放在一个组群中，这些用户和组具有相同权限。
- 多对多：多个用户可以存放在多个组群中。

Linux 将具有相同特性的用户划归为同一个组群，任何用户都至少属于一个组群。

Linux 的组具有私有组、标准组和系统组之分。

- 私有组：建立账户时，若没有指定账户所属的组，系统会建立一个和账户同名的组，这个组就是私有组，它只容纳了一个用户。
- 标准组：可以容纳多个用户，组中的用户都具有组所拥有的权利。
- 系统组：Linux 系统自动建立的组。

一个用户可以属于多个组，用户所属的组又有主组和附加组之分。在用户所属组中的第 1 个组称为主组，主组在 /etc/passwd 文件中指定；其他组为附加组，附加组在 /etc/group 文件中指定。属于多个组的用户所拥有的权限是它所在组的权限之和。

与用户一样，组也是由一个唯一的身份来标识的，该标识称为组 ID（GID）。用户对某个文件或程序的访问是以它的 UID 和 GID 为基础的。

1. /etc/group——组账户文件

/etc/group 文件是有关用户组管理的文件，系统管理员对用户组进行管理时所做的修改都会涉及这个文件。

组账户文件部分内容显示如下：

```
[root@lfanhui ~]# head -n 4 /etc/group
root:x:0:
bin:x:1:
daemon:x:2:
```

与 passwd 文件记录类似，组账户文件的每一行由 4 个字段组成，字段之间用“:”分隔，常用选项如下：

- 组名称：组的名称。
- 组密码：通常不需要设置，一般很少通过组登录，密码被记录在 /etc/gshadow 文件中，密码字段以“x”来填充。
- 组 ID：所谓的 GID。
- 组成员：组所包含的用户，用户之间用“,”分隔。

2. /etc/gshadow——组密码文件

/etc/gshadow 文件主要用于保存加密的组群口令，只有超级用户才可查看该文件的内容。

组密码文件部分内容显示如下：

```
[root@localhost ~]# head -n 4 /etc/gshadow
root:::
bin:::
daemon:::
sys:::
```

/etc/gshadow 文件的每一行由 4 个字段组成，字段之间用“:”分隔，常用选项如下：

- 用户组名：组的名称。
- 组密码：这个字段可以是空或“!”，即表示没有密码。
- 组管理者：这个字段也可为空，如果有多个用户组管理者，用“,”号分隔。
- 组成员：如果有多个成员，用“,”号分隔。

5.2.2 创建组

groupadd 命令用于新建用户组。

命令格式如下：

```
groupadd [-g -o] gid 组群名称
```

常用选项如下：

- -g：指定新建用户组的 GID，该 GID 必须唯一，不能与其他用户组的 GID 重复。
- -o：一般与 -g 选项同时使用，表示新用户组的 GID 可以与已有用户组的 GID 相同。

5.2.3 修改组

groupmod 命令用于修改用户组的属性，包括 GID 和组名。

命令格式如下：

```
groupmod [ 选项 ] 组名
```

常用选项如下：

- -g：修改后的 GID。
- -n：修改后的组名。

5.2.4 切换组

如果一个用户同时属于多个用户组，那么该用户可以在用户组之间切换，以便具有其他用户组的权限。newgrp 主要用于在多个用户组之间进行切换。

命令格式如下：

```
newgrp 组群名称
```

【例 5-7】 组的切换。

```
[root@localhost ~]# id -gn              #id 查看用户的 UID、GID 和用户所属的组群信息
wheel                                   # 当前用户属于 wheel 组
[root@localhost ~]# newgrp fanhui       # 切换到 fanhui 组
[root@localhost ~]# id -gn
```

```
fanhui
```

5.2.5 组成员管理

gpasswd 命令用于向组中添加、删除用户。

命令格式如下：

```
gpasswd [ 选项 ] 用户名 组名
```

常用选项如下：

- -a：向组中添加用户。
- -d：从组中删除用户。

【例 5－8】 向 mygroup 组中添加和删除用户。

```
[root@localhost ~]#gpasswd -a test mygroup        # 添加 test 用户
[root@localhost ~]#gpasswd -d test mygroup        # 移除 test 用户
```

5.2.6 删除组

groupdel 命令用于删除用户组。

命令格式如下：

```
groupdel [ 组群名称 ]
```

当需要从系统上删除用户组时，可以使用该命令。如果该用户组中存在用户，则必须先删除这些用户，然后才能删除用户组。

项目实训

一、实训主题

某学校需要将新入学的 2020 级学生（2 500 名）添加为 Cent OS 服务器的新用户，每个学生一个用户账户，账户名采用“s+ 学号”的组合，他们同属一个组群 students20。请思考如何实现？

二、实训分析

1. 操作思路

创建一个学生组 students20，然后创建 2 500 个学生账户，但是这样做的话，工作量太大。可以考虑使用文件的方式进行批量导入。

2. 所需知识

（1）创建组的 groupadd 命令。

（2）批量导入账户的 newusers 命令。

（3）批量设置账户口令的 chpasswd 命令。

三、实训步骤

【步骤 1】创建公用组群 students20。

```
[root@fanhui ~]# groupadd -g 600 students20
```

【步骤 2】编辑用户信息文件。

使用 vi 编辑器输入用户信息。用户信息要按照 /etc/passwd 文件的格式要求，每一行一个用户账户信息。每个用户账户的用户名和 UID 必须各不相同，密码字段输入“x”。部分内容如下（student.txt）：

```
s200101:x:1000:600::/home/s200101:/bin/bash
s200102:x:1001:600::/home/s200102:/bin/bash
s200103:x:1002:600::/home/s200103:/bin/bash
s200104:x:1003:600::/home/s200104:/bin/bash
```

【步骤 3】创建用户密码文件。

使用 vi 编辑器输入用户名和密码（明文）信息。每一行内容为一个用户账户信息，用户名和用户信息文件内容相对应。假设密码文件保存为 password.txt，部分内容如下：

```
S200101:a1b2c3
s200102:a1b2c3
s200103:a1b2c3
s200104:a1b2c3
```

【步骤 4】利用 newusers 命令批量创建用户账户。

```
[root@localhost ~]#newusers < student.txt
```

【步骤 5】利用 chpasswd 命令为用户设置密码。

root 用户可以利用 chpasswd 命令批量更新用户的密码。只需把用户密码文件重定向给 chpasswd 程序，系统就会根据文件中的信息设置用户的密码。

```
[root@localhost ~]# more ./password.txt|chpasswd
```

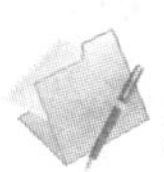

技能检测

一、填空题

1. root 用户的 UID 是________。
2. Linux 系统中，切换用户的命令是________。
3. 添加用户的命令是________，修改用户属性的命令是________，删除用户的命令是________。
4. 添加用户组的命令是________，删除用户组的命令是________。

二、选择题

1. 关于进程属性的描述，错误的选项是（　　）。

   A. useradd 的 -s 参数用于指定用户登录后所使用的 shell

B. 在默认情况下，userdel 并不会删除用户的主目录，除非使用了 -r 选项
C. /etc/shadow 文件用于保存用户的口令，当然是使用加密后的形式
D. Linux 不提供图形化工具对用户和用户组进行管理

2. 关于 /etc/passwd 文件的描述，错误的选项是（　　）。
A. 文件的每一行代表一个用户
B. 每一行由 7 个字段组成，字段间使用冒号分隔
C. 系统用户如 bin、daemon 的 UID 是从 1000 开始分配的
D. 多个用户的 UID 号均为 0，那么这些用户将同时拥有 root 权限

3. Linux 中权限最大的账户是（　　）。
A. admin　　B. root　　C. guest　　D. super

三、实操题

北京公司总部有员工 150 人，每个员工的工作内容不同，分别隶属于不同的组，具有不同的权限，并分别设置账户密码。普通员工账户有 jack、lily、mike 等，管理人员账户有 linda、joy 等。管理人员属于 manager 组，普通员工属于 class 组。另外，mike 出差在外地，需要暂时禁用账户。请问如何实现？写出具体的 shell 命令。

项目 6

磁盘和文件权限管理

项目导读

Linux 下的磁盘使用方法不同于 Windows，用户访问磁盘上的目录和文件时，必须要具有一定的权限。本项目将介绍静态磁盘、动态磁盘的使用方法，以及文件和目录的权限管理。

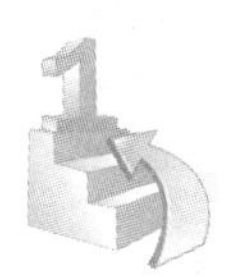

学习目标

- 理解磁盘的命名方式。
- 掌握静态磁盘和动态磁盘的创建方法。
- 掌握磁盘挂载和卸载的方法。
- 掌握文件的权限设置原则和方法。

课程思政目标

遵守职业道德，在法律规定的范围内收集和使用数据，不能对公安信息和合法隐私资源越权访问、违规使用。工作中正确行使权利、不越权、不渎职。

任务 6.1　管理磁盘

6.1.1　磁盘设备表示

市场上常见的磁盘的类型有 IDE 并口硬盘、SATA 串口硬盘、SCSI 硬盘、U 盘、移动硬盘等。不同类型的磁盘在 Linux 下对应的设备文件名称不尽相同。Linux 下磁盘设备常用的表示方式有以下两种：

方式 1：

```
主设备号 + 次设备号 + 磁盘分区编号
```

对于 SCSI 硬盘、U 盘、SATA 硬盘、移动硬盘、固态硬盘 SSD：表示为 sd[a~z]n。

对于 IDE 硬盘：表示为 hd[a~z]n。

方式 2：

```
（主设备号 +[0~n],y）
```

对于 SCSI 硬盘、U 盘、SATA 硬盘、移动硬盘、固态硬盘 SSD：表示为（sd[0~n],y）。

对于 IDE 硬盘：表示为（hd[0~n],y）。

主设备号代表设备的类型，主设备号相同的设备是同类型的设备，使用同一个驱动程序，比如 tty 表示终端设备，hd 表示 IDE 设备，sd 表示 SCSI 设备。

次设备号代表同类设备中的序号，“ a ～ z”表示设备的序号。如 /dev/hda 表示第 1 块 IDE 硬盘，/dev/hdb 表示第 2 块 IDE 硬盘。同理，/dev/sda 表示第 1 块 SCSI 硬盘。

用“ x”表示在每块磁盘上划分的磁盘分区的编号，从“1”开始。在每块磁盘上可能会划分一定的分区，分区类似于 Windows 系统中划分的 C 盘、D 盘。针对每个分区，Linux 用 /dev/hdax 或者 /dev/sdax 表示，这里“x”代表第“x”个分区。

除了用“ a ～ z”表示同类型磁盘的序号外，也可以用“0 ～ *n*”表示。第 2 种方式中的“y”是一个数字，从“0”开始，表示磁盘分区编号。

【例 6－1】 分析设备命名（hd0,8）和 sde4 的含义。

（hd0,8）表示第 1 块 IDE 硬盘的第 9 个分区（第 5 个逻辑分区），等同于 hda9。而 sde4 等同于（sd4,3），表示第 5 个 SCSI 硬盘的第 4 个分区。

6.1.2　磁盘分区划分

磁盘分区对于 Linux 系统的稳定和安全非常重要，合理地划分磁盘分区有助于系统的稳定运行和保障数据的安全。

磁盘的分区由主分区、扩展分区和逻辑分区组成。在一块磁盘上，主分区的最大个数是 4 个，其中扩展分区也算一个主分区，在扩展分区中建立多个逻辑分区，所以主分区（包括扩展分区）范围是 1 ～ 4，逻辑分区从 5 开始。逻辑分区必须建立在扩展分区上，不能建立在主分区上。

主分区的作用是启动操作系统，主要存放操作系统的启动或引导程序，因此建议将操作系统的引导程序都放在主分区上，如 Linux 的 /boot 分区，最好放在主分区上。只有主分区和逻辑分区是用来进行数据存储的，因此，可以将数据集中存放在磁盘的逻辑分区上。

合理的分区方式为：先划分主分区，然后将剩余空间都划分成扩展分区，最后从扩展分区中划分若干个逻辑分区。其中，主分区加上扩展分区的个数控制在 4 个以内。

1. 使用 fdisk 工具划分磁盘分区

使用 fdisk 命令可以对容量小于 2TB 的磁盘进行分区。

命令格式如下：

```
fdisk [ 选项 ] [-l] [ 磁盘设备 ]
```

常用选项如下：

- -l：查询指定设备的分区情况，如果“-l”选项后面不加任何设备名称，则查看所有设备的分区情况。
- -b：指定的分区大小（512、1024、2048、4096）。
- -u：显示扇区单元数。

fdisk 的使用分为两部分，查询部分和交互操作部分。通过 fdisk 磁盘设备进入人机交互操作界面，然后输入 m 显示交互操作下所有可使用的命令。

交互界面下的常用命令如下：

- d：删除分区。
- l：查看指定分区的分区类型信息。
- m：显示每个交互命令的详细含义。
- n：添加新的分区。
- p：显示分区表。
- q：退出交互操作，不保存操作的内容。
- t：改变分区类型。
- v：校验分区表。
- w：写分区表信息到硬盘，保存操作内容并退出。

磁盘划分分区结束后，需要对磁盘分区进行格式化，然后才能写入数据。

2. 利用 parted 工具进行分区

parted 是一个比 fdisk 更高级的工具，它支持多种分区表格式，包括 MBR 和 GPT，支持大于 2TB 的磁盘。它允许用户创建、删除、放大、缩小、移动和复制分区，重新组织磁盘空间，以及将数据复制到新硬盘。

命令格式如下：

```
parted [ 选项 ] [ 磁盘设备 ] [ 命令 ]
```

常用选项如下：

- -h：显示帮助信息。
- -l：列出系统中所有的磁盘设备。
- -m：进入交互模式，如果后面不加设备则对第 1 个磁盘进行操作。
- -s：脚本模式。
- -v：显示版本。

如果没有给出命令，则 parted 将进入交互模式运行，常用选项如下：

- align-check：检查分区的类型（min|opt）是否对齐。
- help：关于命令的帮助信息。
- mklabel：创建新的磁盘标签（分区表）。
- mkpart：创建一个分区。
- name：给指定的分区命名。
- print：打印分区表。
- quit：退出程序。
- rescue：修复丢失的分区。

- rm：删除分区。
- select：选择要编辑的设备。
- set：更改分区的标记。
- unit：设置默认的单位。
- version：显示版本信息。

【例 6－2】 对第 4 个 SCSI 硬盘进行分区，分区类型为 GPT，分区大小为 6G，文件系统类型为 xfs，分区名为 mydata。

```
[root@fanhui ~]# parted /dev/sdd mklabel gpt
[root@fanhui ~]# parted /dev/sdd mkpart mydata xfs 0G 6G
```

3. 磁盘空间的格式化

使用 mkfs 命令可格式化磁盘分区并创建文件系统。

命令格式如下：

```
mkfs [ 选项 ] 设备名
```

常用选项如下：

- -t：指定要创建的文件系统的类型，如 msdos、vfat、ext2、ext3、ext4 等，不同版本的 Linux 具有不同的默认文件系统（不指定默认为 ext2）。
- -V：详细显示模式。

【例 6－3】 mk 命令的使用。

```
[root@localhost ~]# mkfs -Vt ext4 /dev/sdb1
mkfs from util-linux 2.23.2
mkfs.ext4 /dev/sdb1
mke2fs 1.42.9 (28-Dec-2013)
Filesystem label=
OS type: Linux
# 限于篇幅，以下信息省略
```

6.1.3　磁盘管理命令

1. 挂载磁盘分区

011　挂载设备

Windows 系统下，用户使用某些设备（如光盘或者 U 盘）时，只需要将设备放入相应的驱动器中，系统便会自动加载，用户就可以通过对应的设备盘符来读取数据。在 Linux 系统下没有盘符的概念，对应的是磁盘分区，对任何设备的使用都需要通过挂载（mount）的方式实现。

挂载就是将磁盘分区的内容映射到指定的目录中，此目录即为该设备的挂载点。

要完成挂载，需要满足 3 个条件：

（1）挂载磁盘分区的文件系统类型。

（2）挂载分区对应的设备文件。

（3）挂载点。

对于磁盘分区的文件系统类型，常见的有：vfat、msdos、xfs、ntfs、cifs、iso9660 以及 ext 系列等。

设备文件存放在 /dev 目录下，对应的设备文件一般是 /dev/hda1、/dev/sda6 等形式。

挂载点就是在 Linux 上建立的一个目录，通过这个目录建立操作系统和磁盘存取的入口，也就是说，将设备挂载到这个目录后，对这个目录的任何操作都相当于对设备的操作。Linux 系统默认的挂载点目录为 /mnt 或者 /media，用户也可以自己建立挂载点。挂载点目录可以不为空，但必须存在。挂载点目录如果不为空，则以前的内容不可用，卸载后自动恢复。

挂载设备前应注意，使用 pwd 命令查看当前所在目录是否是挂载点目录。如果是，用 cd 命令切换到其他目录，以免系统提示“device busy”错误。

可使用 mount 命令将磁盘设备挂载到指定的目录。

命令格式如下：

```
mount [ 选项 ] 设备名 目录
```

常用选项如下：

- -a：挂载 /etc/fstab 中所有（符合指定类型的）的文件系统，但包含“noauto”标记的行除外。
- -V：打印版本信息后退出。
- -v：显示处理过程的详细信息。
- -t：指定文件系统类型（常见的有：vfat、iso9660、ext4、auto）。
- -r：以只读模式挂载。
- -w：以读写模式挂载。
- -o 选项：挂载选项列表。其中的选项以“,”分隔。常用的选项如下：
  - loop：用于把一个文件当成硬盘分区来挂载。
  - ro：采用只读方式挂载设备。
  - rw：采用读写方式挂载设备。
  - iocharset：指定访问文件系统所用字符集。

【例 6-4】 以下命令演示了如何挂载第 2 块 SCSI 设备上的第 1 个主分区，以及如何访问第 1 个分区。还演示了如何将 ISO 文件挂载到一个目录，而不使用物理 DVD 光驱。

```
[root@fanhui /]# mount -t ext4 /dev/sdb1 /mnt
[root@localhost /]# mount|grep /dev/sdb1
/dev/sdb1 on /mnt type ext4 (rw,relatime,seclabel,data=ordered)
[root@fanhui  ~]# cd /mnt
[root@fanhui  mnt]# touch test
[root@fanhui  mnt]# ls -l
total 16
drwx------. 2 root root 16384 Nov 28 16:16 lost+found
-rw-r--r--. 1 root root     0 Nov 28 16:22 test
# 以只读方式挂载 ISO 文件到目录
[root@fanhui  ~]# mount -o loop,ro CentOS-7-x86_64-DVD-1611.iso  /media
```

2. 卸载磁盘分区

如果要退出某个设备，必须进行卸载操作，卸载命令为 umount。

命令格式如下：

```
umount 设备名或目录名
```

卸载设备时，可以使用设备名也可以使用挂载目录名。

【例 6－5】 卸载【例 6-4】中的磁盘。

```
[root@fanhui mnt]# cd ..
[root@fanhui /]# umount /mnt
[root@fanhui /]# cd /mnt
[root@fanhui mnt]# ll
total 0
```

这种方式的挂载在系统重启后就会自动断开，如果要实现系统启动时自动挂载分区，可以在 /etc/fstab 文件中配置。配置 /dev/sdb1 后的 /etc/fstab 文件如下：

```
[root@fanhui mnt]# more /etc/fstab
# /etc/fstab
# Created by anaconda on Thu Aug 24 09:08:31 2017
# Accessible filesystems, by reference, are maintained under '/dev/disk'
# See man pages fstab(5), findfs(8), mount(8) and/or blkid(8) for more info
/dev/mapper/cl-root                         /          ext4    defaults    1 1
UUID=0018049e-c8e2-4bfc-8f94-b2256e646027 /boot      ext4    defaults    1 2
/dev/mapper/cl-home                         /home      ext4    defaults    1 2
/dev/mapper/cl-var                          /var       ext4    defaults    1 2
/dev/mapper/cl-swap                         swap       swap    defaults    0 0
/dev/sdb1                                   /mnt       ext4    defaults    0 0
```

3. 查看磁盘分区信息

磁盘分区信息实际上可以从多个角度查看，如查看磁盘的挂载情况、磁盘的分区情况，以及磁盘的使用情况等。

（1）查看磁盘的挂载情况。

查看磁盘的挂载情况的方法很简单，直接输入不带参数的 mount 命令即可。

（2）查看磁盘的分区情况。

查看磁盘的分区情况可使用 fdisk -l 命令。

（3）查看磁盘的使用情况。

df 命令用于检查 Linux 系统的磁盘空间占用情况。

命令格式如下：

```
df 选项
```

常用选项如下：

- -h：以容易理解的格式输出磁盘分区的占用情况，如 60GB、120MB、30KB。
- -k：以 KB 为单位输出磁盘分区的占用情况。
- -m：以 MB 为单位输出磁盘分区的占用情况。
- -a：列出所有的文件系统分区，包含 0 大小的文件系统分区。
- -i：列出文件系统分区的 inode 信息。
- -T：显示磁盘分区的文件系统类型。

【例 6－6】 查看当前磁盘的分区情况，并显示文件系统类型，人性化输出。

```
[root@fanhui /]# df -hT
```

```
Filesystem            Type       Size   Used   Avail   Use%   Mounted on
/dev/mapper/cl-root   ext4       15G    4.3G   9.6G    31%    /
devtmpfs              devtmpfs   973M   0      973M    0%     /dev
# 限于篇幅，以下信息省略
```

4. 查看文件占用磁盘空间情况

du 命令用于显示文件或目录占用磁盘空间的情况。

命令格式如下：

```
du [ 选项 ] 文件或目录
```

常用选项如下：

- -s：显示文件或者整个目录的大小，单位为 KB。
- -b：以字节为单位显示文件或者目录的大小。
- -sh：以人性化的格式显示文件或目录的大小。
- -sm：以 MB 为单位显示文件或目录的大小。

【例 6－7】显示当前目录下所有文件的大小。

```
[root@fanhui mnt]# du -sh ./*
512             ./CentOS_BuildTag
5.9M    ./EFI
512             ./EULA
18K     ./GPL
53M     ./images
47M     ./isolinux
318M    ./LiveOS
3.7G    ./Packages
14M     ./repodata
2.0K    ./RPM-GPG-KEY-CentOS-7
2.0K    ./RPM-GPG-KEY-CentOS-Testing-7
3.0K    ./TRANS.TBL
```

要显示当前目录的总大小，使用如下命令：

```
[root@fanhui mnt]# du -sh ./
4.1G    ./
```

5. 检查和修复磁盘分区

fsck 命令用于检查磁盘并尝试修复错误。

命令格式如下：

```
fsck [ 选项 ] [-t 文件系统类型 ] [ 设备名 ]
```

常用选项如下：

- -a：自动修复文件系统，没有任何提示。
- -r：采取交互式修复模式，在修复时进行询问，便于用户确认或选择处理方式。
- -A：依照 /etc/fstab 配置文件的内容，检查文件内所列的全部文件系统。
- -T：执行 fsck 命令时不显示标题信息。
- -V：显示 fsck 命令的执行过程。
- -N：不执行命令，仅列出实际执行时会进行的动作。

注意：执行 fsck 命令修复文件系统时，对应的磁盘分区一定要处于卸载状态，磁盘分区在挂载状态下进行修复是极为不安全的，可能破坏数据，也可能损坏磁盘。

任务 6.2 使用逻辑卷

在安装 Linux 系统时，经常会遇到如何正确地评估各分区大小以分配合适的磁盘空间的问题。实际上，这个问题可以通过逻辑卷很好地解决。我们可以通过逻辑卷在线调整磁盘分区容量，从而更加灵活地管理磁盘空间。

6.2.1 逻辑卷的基本概念

在规划磁盘分区大小时，往往不能确定这个分区要使用的总空间。若用 fdisk 对磁盘分区，每个分区大小是固定的，如果分区设置得过大，就会浪费磁盘空间；如果分区设置得过小，就会导致空间不够用。对此，可以采用重新划分磁盘分区或软链接的方式将此分区的目录链接到另一个分区，这样虽然能临时解决问题，但是给管理带来了麻烦。那么，如何彻底解决这些问题呢？LVM 是一个不错的方法。

LVM（Logical Volume Manager，逻辑卷管理器）是 Linux 对磁盘分区进行的一种管理机制。LVM 是建立在磁盘分区和文件系统之间的一个逻辑层，管理员利用 LVM 可以在不必对磁盘重新分区的情况下动态调整分区的大小。如果系统新添加了一块硬盘，通过 LVM 就可以将新增的硬盘空间直接扩展到原来的磁盘分区上。

1. LVM 的基本术语

系统通过 LVM 屏蔽了磁盘分区的底层差异，在逻辑上给文件系统提供了一个卷的概念，然后在这些卷上建立相应的文件系统。

- 物理存储介质（physical media）：系统的存储设备文件，如 /dev/sda。
- 物理卷（physical Volume，PV）：硬盘分区或者从逻辑上看和硬盘分区类似的设备（RAID 卷）。
- 卷组（Volume Group，VG）：一个 LVM 卷组由一个或者多个物理卷组成。
- 逻辑卷（Logical Volume，LV）：类似非 LVM 系统上的磁盘分区，LV 建立在 VG 上，可以在 LV 上创建文件系统。
- 物理扩展（Physical Extent，PE）：PV 中可以分配的最小存储单元称为 PE。PE 的大小是可以指定的，默认为 4MB。
- 逻辑扩展（Logical Extent，LE）：LV 中可以分配的最小存储单元称为 LE。同一个卷组中，LE 的大小和 PE 是一样的，且一一对应。

如图 6－1 所示为 LVM 磁盘组织结构，显示了 LVM 中各个组成部分之间的对应关系。

两块物理磁盘组成了 LVM 的底层结构，这两块磁盘的大小、型号可以不同。PV 可以看作硬盘上的分区，因此，可以看出物理硬盘 A 划分了 2 个分区，物理硬盘 B 划分了 3 个分区。然后将前 3 个 PV 组成了 1 个卷组 VG1，后 2 个 PV 组成了一个卷组 VG2。接着在卷组 VG1 上划分了 2 个逻辑卷 LV1 和 LV2，在卷组 VG2 上划分了 1 个独立的逻辑卷 LV3。最后，在逻辑卷 LV1、LV2 和 LV3 上创建文件系统，分别挂在 /usr、/home 和 /var 分区。

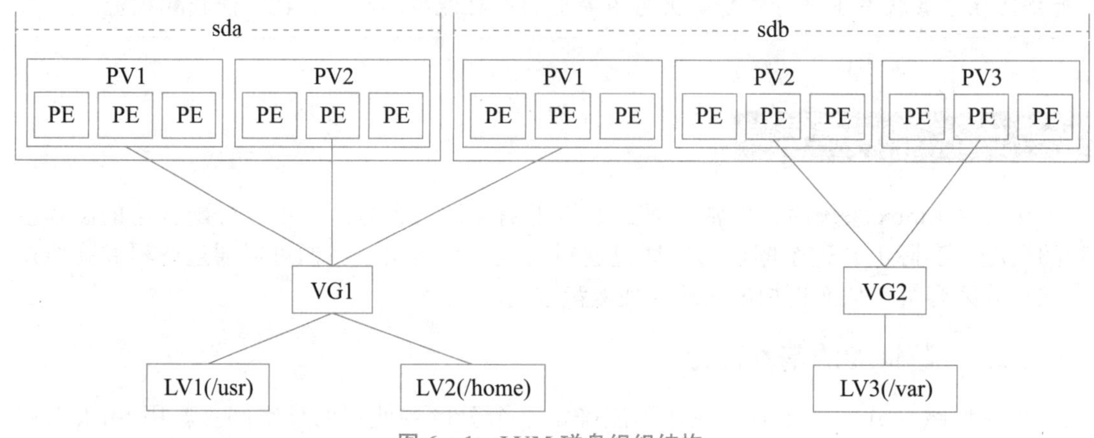

图 6－1　LVM 磁盘组织结构

2. LVM 的工作原理

在 LVM 结构中，每一个物理卷都被分成多个物理扩展（PE），是 LVM 寻址的最小单元。PE 大小可以改变，但必须与其所属卷组的物理卷（PV）相同，而且每个 PV 的 PE 都有一个唯一的编号。

同样，每个逻辑卷（LV）也被分成一些可寻址的、被称为逻辑卷扩展（LE）的基本单元。在同一个卷组中，LE 的大小与 PE 相同。

在 LVM 磁盘中，VGDA（Volume Group Descriptor Area，卷组描述符区域）主要用于存储分区的元数据，包括 1 个 PV 描述符、1 个 VG 描述符、1 个或多个 LV 描述符和多个 PE 描述符。

在系统启动 LV 时，VG 也被激活，这时 VGDA 被加载到内存中。通过 VGDA 就可以对 LV 的实际存储位置进行识别，通过由 VGDA 建立起来的映射机制访问实际的物理位置来执行 I/O 操作。

012　逻辑卷管理

6.2.2　逻辑卷的创建与管理

1. 安装逻辑卷管理工具

要使用 LVM 来管理磁盘，首先要确定的是系统中已经安装了 LVM 工具。可使用 rpm 命令确认 LVM 以及相关工具包是否已经安装。目前默认的 Linux 发行版本内核都支持 LVM。

```
[root@localhost /]# rpm -qa|grep lvm
mesa-private-llvm-3.8.1-1.el7.x86_64
lvm2-2.02.166-1.el7.x86_64
lvm2-libs-2.02.166-1.el7.x86_64
[root@localhost /]# rpm -qa|grep e2fsprogs
e2fsprogs-1.42.9-9.el7.x86_64
e2fsprogs-libs-1.42.9-9.el7.x86_64
[root@localhost /]# rpm -qa|grep xfsprogs
xfsprogs-4.5.0-8.el7.x86_64
```

如果有类似上面的输出，说明系统中已经安装了 LVM、e2fsprogs 和 xfsprogs 工具。如果没有任何输出，则说明系统中还没有安装这些工具包。可以通过“ rpm -ivh 软件包名称”或者“yum install lvm*”等方式来安装。

2. LVM 的创建

（1）创建物理分区。

在使用 LVM 之前，需要设置磁盘分区，也就是用 fdisk 命令划分磁盘。输入 fdisk 进入交互模式，然后用 t 命令更改分区的 System 类型，需要指定分区类型为 Linux LVM，对应的 ID 为 8e。对于系统支持的所有 System 类型，在交互模式下可使用 l 命令来查看。

注意：这里仅仅进行了分区操作，还没有进行格式化。

（2）创建物理卷。

创建物理卷（PV）的命令是 pvcreate，通过该命令可以将要添加到卷组（VG）的所有磁盘分区或者整个磁盘创建为物理卷。

命令格式如下：

```
pvcreate 磁盘分区 | 整个磁盘
```

（3）创建卷组。

创建卷组（VG）的命令是 vgcreate。

命令格式如下：

```
vgcreate 卷组名 物理卷
```

其中，卷组名就是要创建的卷组的名称；物理卷是希望添加到此卷组的所有磁盘分区或者整个磁盘。

（4）激活卷组。

卷组（VG）创建完毕后，可以通过 vgchange 命令激活卷组，而无须重启系统。

命令格式如下：

```
vgchange -a y 卷组名（激活卷组）
vgchange -a n 卷组名（停用卷组）
```

（5）显示卷组、物理卷属性信息。

vgdisplay 命令用于显示创建的卷组信息，pvdisplay 命令用于显示物理卷组信息。

命令格式如下：

```
vgdisplay 卷组名
pvdisplay 物理卷组名
```

（6）创建逻辑卷。

创建逻辑卷（LV）的命令是 lvcreate。

命令格式如下：

```
lvcreate [-L 逻辑卷大小 | -l PE 数 ] -n 逻辑卷名称 所属的卷组名
```

其中，-L 后面接逻辑卷的大小，可以用 K、M、G 表示；-l 用 PE 数来计算逻辑卷的大小。

（7）格式化逻辑卷、创建文件系统。

文件系统是创建在逻辑卷上的，假设使用 Linux 默认的 xfs 文件系统，则使用 mkfs 格式化文件系统。

3. LVM 的管理

（1）添加新的物理卷到卷组。

添加新的物理卷到卷组的命令为 vgextend。

命令格式如下：

```
vgextend 卷组名 新加入的物理卷
```

（2）修改逻辑卷的大小。

LVM 最主要的功能就是动态调整分区的大小，也就是修改逻辑卷的大小。修改逻辑卷需要用到的命令有 lvextend（扩展逻辑卷）、lvreduce（缩减逻辑卷）以及 ext2resize（修改文件系统大小）。

lvextend 和 lvreduce 的命令格式类似，如下：

```
lvextend [-L (+size) -l (+PE 数 )] 逻辑卷名称
lvreduce [-L (-size) -l (-PE 数 )] 逻辑卷名称
```

其中，-L (+size) 表示给逻辑卷空间增加指定的大小，-L (-size) 表示将逻辑卷空间缩减指定的大小。size 表示将逻辑卷增加 / 缩减到指定的空间大小。例如"+300"表示将逻辑卷空间增大到 300MB，"-2G"表示将逻辑卷空间缩减 2GB。+PE 数表示增加 PE 数，-PE 数表示减少 PE 数。

1）扩充逻辑卷空间。

利用扩展逻辑卷命令 lvextend 扩展逻辑卷空间，再使用 xfs_growfs 命令修改 xfs 文件系统大小以实现空间扩充。如果使用的文件系统是 ext2/ext3/ext4，可以通过另一个命令 resize2fs 来实现空间扩充。

2）减少逻辑卷空间。

先卸载已经挂载的逻辑卷分区（umount），再通过 resize2fs 命令修改文件系统大小以实现空间缩减，利用减少逻辑卷命令 lvreduce 减少逻辑卷空间，最后挂载减少后的逻辑卷分区。

（3）删除物理卷、卷组和逻辑卷。

删除物理卷的命令是 pvremove，将物理卷从卷组移除的命令是 vgreduce。删除卷组的命令是 vgremove，删除逻辑卷的命令是 lvremove。

任务 6.3　管理文件权限

6.3.1　文件权限的基本概念

文件权限是指对文件的访问权限，包括对文件的读、写、执行等。在 Linux 下，每个用户都具有不同的权限，普通用户只能在自己的主目录下进行写操作，而在主目录之外，普通用户只能进行读取操作。

1. 访问权限

- 读取权限（r）：浏览文件 / 目录中内容的权限。
- 写入权限（w）：对文件而言是修改文件内容的权限；对目录而言是删除、添加和重命名目录内文件的权限。
- 执行权限（x）：对可执行文件而言是允许执行的权限；对目录而言是访问目录中文件的权限。

2. 与文件权限相关的用户分类

- 文件所有者（user）：建立文件或目录的用户。
- 同组用户（group）：与文件所有者在同一组群中的用户。
- 其他用户（others）：既不是文件所有者，又不是同组用户的其他用户。

超级用户 root 负责整个系统的管理和维护，拥有系统中所有文件的全部访问权限。

6.3.2 改变文件属主和属组

改变文件 / 目录所有者和所属组群可以使用 chown 命令。

命令格式如下：

```
chown [-R] 用户名 [：属主 ] 文件或目录名
```

常用选项如下：

- -R ：进行递归式权限更改，也就是将目录下的所有文件、子目录都更改为指定的用户组权限。常用于变更某一目录的情况。

注意：在执行操作前，一定要确保指定的用户和用户组在系统中是存在的。

【例 6-8】 修改文件 test1 所属的用户为 fanhui，所属的用户组为 mygroup。

```
[root@fanhui fanhui]# ll test1
-rw-r--r--. 1 root root 0 Dec 27 14:51 test1
[root@fanhui fanhui]# chown fanhui:mygroup test1
[root@fanhui fanhui]# ll test1
-rw-r--r--. 1 fanhui mygroup 0 Dec 27 14:51 test1
```

【例 6-9】 修改 /temp 目录下所有文件所属的用户为 fanhui，所属的用户组为 mygroup。

```
[root@fanhui /]# chown -R fanhui:mygroup temp
[root@fanhui /]# cd /temp
```

013 chmod 命令的使用

6.3.3 改变文件的访问权限

chmod 命令用于改变文件或目录的访问权限。该命令有以下两种用法。

1. 字母表示法

命令格式如下：

```
chmod [who] [ + | - | = ] [mode] 文件名
```

由包含对象、操作符和权限三部分的表达式组成。

（1）who（对象）分为 4 类（可以组合使用）：

- u（user）：表示文件所有者。
- g（group）：表示同组用户。
- o（others）：表示其他用户。
- a（all）：表示所有用户。

（2）操作符分为 3 种（可以组合使用）：

- =：赋予给定权限，同时取消以前的所有权限。
- -：取消权限。
- +：增加权限。

（3）mode（权限）分为 3 种（可以组合使用）：

- r（read）：读取权限。
- w（write）：写入权限。
- x（execute）：执行权限。

下面通过两个实例具体说明。

【例 6-10】 修改 test1 文件，使其所有者具有所有权限，同组用户和其他用户具有只读权限。

```
[root@fanhui test]# ll test1
-r--------. 1 root root 12 Dec 15 09:00 test1
[root@fanhui test]# chmod u=rwx,g=r,o=r test1
[root@fanhui test]# ll test1
-rwxr--r--. 1 root root 12 Dec 15 09:00 test1
```

【例 6-11】 修改 test2 文件，使其所有者具有读写权限，同组用户和其他用户没有任何权限。

```
[root@fanhui test]# ll test2
-rwxr--r--. 1 root root 12 Dec 15 09:04 test2
[root@fanhui test]# chmod u-x,g-r,o-r test2
[root@fanhui test]# ll test2
-rw-------. 1 root root 12 Dec 15 09:04 test2
```

2. 数字表示法

数字表示法就是通过 3 个数字（0 ～ 7）来表示所有者、同组用户和其他用户对文件的访问权限。具体数字含义如下：

0：表示没有任何权限；1 表示有可执行权限，对应于“--x”；2 表示有写入权限，对应于“-w-”；4 表示有读取权限，对应于“r--”。

0、1、2、4 可以组合使用，这样总共就有 8 种情况。

--- 表示 0；--x 表示 1；-w- 表示 2；-wx 表示 3；r-- 表示 4；r-x 表示 5；rw- 表示 6；

rwx 表示 7。

【例 6－12】 修改 test2 文件，使其所有者具有读写权限，同组用户和其他用户没有任何权限。

```
[root@fanhui test]# ll test2
-r--r--r--. 1 root root 12 Dec 15 09:04 test2
[root@fanhui test]# chmod 600 test2
[root@fanhui test]# ll test2
-rw-------. 1 root root 12 Dec 15 09:04 test2
```

6.3.4 默认权限掩码

用户登录系统并创建一个文件或者目录之后，总是有一个默认权限，那么这个权限是怎么来的呢？这就涉及 umask 的概念。

umask 设置了用户创建文件的默认权限，它与 chmod 的效果恰恰相反，umask 设置的是权限“补码”，而 chmod 设置的是文件权限码。

系统管理员必须要设置一个合理的 umask 值，以确保用户创建的文件或者目录具有所希望的缺省权限，防止非同组用户对该文件具有写权限。登录之后，可以根据个人的偏好使用 umask 命令来改变缺省权限。

umask 命令允许用户设定文件创建时的缺省权限，对应每一类用户（文件属主、同组用户、其他用户）存在一个相应的 umask 值中的数字。

命令格式如下：

```
umask nnn
```

其中，nnn 为权限掩码，最小 000，最大 777。若没有参数 nnn，则表示显示当前的 umask 值。

对于文件来说，默认权限是 666。系统不允许在创建一个文本文件时就赋予它执行权限，而必须在创建后用 chmod 命令添加这一权限。对目录来说，则允许设置执行权限，默认权限是 777。

例如：umask 值 002 所对应的文件和目录创建的缺省权限分别为 664 和 775。

```
文件 / 目录的缺省权限 = 文件 / 目录默认权限 - umask 权限掩码。
```

【例 6－13】 修改 test 文件的缺省权限为 511。

```
[root@fanhui test]# umask
0022
[root@fanhui test]# touch test
[root@fanhui test]# ll
total 1
-rw-r--r--. 1 root root 0 Dec 15 10:08 test
[root@fanhui test]# umask 026
[root@fanhui test]# touch tt
[root@fanhui test]# ll tt
-rw-r-----. 1 root root 0 Dec 15 10:09 tt
```

6.3.5 访问控制列表

默认情况下，用户只对自己目录中的文件拥有权限，利用访问控制列表（ACL）可以把自己主目录中特定文件的 r、w 和 x 权限分配给特定用户。ACL 提供了第 2 级的自主访问控制。

为了配置 ACL，需要使用 acl 选项挂载正确的文件系统，然后在相关目录上设置执行权限。只有这样，才能配置 ACL 表，给特定的用户分配所需要的权限。

1. 在文件系统上启用 ACL

在 CentOS 7 以上版本创建 xfs 或者 ext2/ext3/ext4 文件系统时，默认启用 ACL，但是更早的版本可能不会自动启用 ACL。

【例 6－14】 启用已经挂载根分区的 ACL 功能。

```
[root@fanhui ~]# mount -o remount,acl /
```

2. getfacl 命令

使用 getfacl 命令可以显示文件 / 目录的当前 ACL。

【例 6－15】 显示文件的 ACL。

```
[root@fanhui ~]# getfacl  1
getfacl: Removing leading '/' from absolute path names
# file: home/fanhui/1
# owner: root                                          # 文件所有者
# group: root                                          # 文件所属组
user::rw-                                              # 文件所有者权限
user:fanhui:rw-                                        #ACL 权限，指派给 fanhui 用户的权限
group::r--                                             # 组权限
mask::rw-                                              # 屏蔽位
other::r--                                             # 其他用户权限
[root@fanhui ~]# ll /home/fanhui/1
-rw-rw-r--+ 1 root root 0 8 月  28 15:46 /home/fanhui/1    # “+” 表示设置了 ACL
```

3. 配置 ACL

setfacl 命令可以设置文件和目录的 ACL 权限，部分可用选项见表 6－1。

表 6－1　文件权限说明

名称	说明
-b	删除全部 ACL 记录，保留标准权限
-k	删除默认的 ACL 记录
-m	修改一个文件的 ACL，通常要加上某个用户（u）或者某个组（g）
-n	在重新计算权限时忽略屏蔽位
-d	设置默认的 ACL
-R	递归地应用修改
-x	删除某个特定的 ACL 记录

【例 6－16】 允许普通用户 fanhui 拥有 /root/test 文件的 r、w、x 权限。

```
[root@fanhui ~]# ll test
-rw-r--r--. 1 root root 0 8 月  28 16:59 test
[root@fanhui ~]# setfacl -m u:fanhui:rwx /root/test
[root@fanhui ~]# getfacl /root/test
getfacl: Removing leading '/' from absolute path names
# file: root/test
# owner: root
# group: root
user::rw-
user:fanhui:rwx
group::r--
mask::rwx
other::r--
```

【例 6－17】 ACL 作用于 /root 目录中的所有文件。

```
[root@fanhui ~]# setfacl -R -m u:fanhui:rwx /root
[root@fanhui ~]# su - fanhui
上一次登录：五 8 月 28 17:02:34 CST 2020pts/0 上
[fanhui@fanhui ~]$ cd /root          # 由于 fanhui 有了 ACL 权限，所以可以进入 root 的家目录
[fanhui@fanhui root]$ rm test        #ACL 权限 rwx，因此可以删除 /root/test
```

【例 6－18】 删除 ACL。

```
[root@fanhui ~]# setfacl -Rx u:fanhui /root          # 删除指定用户 fanhui 的 ACL
[root@fanhui ~]# setfacl -R -b  /root                # 删除所有用户的 ACL
```

目录还可以包含一个或者多个默认的 ACL，默认 ACL 的概念类似普通 ACL 记录，不同之处在于，默认的 ACL 对当前目录权限没有影响，但是会被该目录内创建的文件继承。

【例 6－19】 配置默认的 ACL。

```
[root@fanhui ~]# setfacl -Rx u:fanhui /root
[root@fanhui ~]# echo "default acl">/root/tt
[root@fanhui ~]# getfacl /root/tt
# file: root/tt
# owner: root
# group: root
user::r--
user:fanhui:rw-
group::r-x                    #effective:r--
mask::rw-
other::---
```

4. ACL 和屏蔽位

与 ACL 有关的屏蔽位（mask）可以限制用户和组以及组所有者对一个文件的可用权限。屏蔽位只能用于组所有者，以及指定的用户和组，对文件的所有者以及其他权限组不起作用。

【例 6－20】设置屏蔽位为只读。

```
[root@fanhui ~]# setfacl -m mask:r-- /root/tt
[root@fanhui ~]# getfacl /root/tt
getfacl: Removing leading '/' from absolute path names
# file: root/tt
# owner: root
# group: root
user::r--
user:fanhui:rw-                    #effective:r--
group::r-x                         #effective:r--
mask::r--
other::---
```

项目实训

一、实训主题

某公司有一台安装了 CentOS 7.x 版本的 Linux 服务器，考虑到今后业务数据量的增长，需要在不停机的情况下实现对磁盘容量的动态扩展。系统管理员现有两块 SCSI 硬盘，大小分别为 6GB 和 10GB。请问如何实现？

二、实训分析

1. 操作思路

通过前面对磁盘的介绍可知，静态磁盘容量不能动态扩展，LVM 可以在不必对磁盘重新分区的情况下动态调整分区的大小。使用 LVM 可以将新添加的硬盘空间直接扩展到原来的磁盘分区上。

2. 所需知识

（1）磁盘分区工具 fdisk。

（2）LVM 工具 pvcreate、vgcreate、vgchange、lvcreate、xfs_growfs。

（3）磁盘格式化工具 mkfs。

（4）文件系统挂载工具 mount。

三、实训步骤

【步骤 1】针对新添加的物理磁盘创建物理分区。

```
[root@fanhui ~]# fdisk /dev/sdb
Welcome to fdisk (util-linux 2.23.2).

Changes will remain in memory only, until you decide to write them.
Be careful before using the write command.

Command (m for help): n
Partition type:
```

```
    p   primary (0 primary, 0 extended, 4 free)
    e   extended
Select (default p): p
Partition number (1-4, default 1): 1
First sector (2048-12582911, default 2048):
Using default value 2048
Last sector, +sectors or +size{K,M,G} (2048-12582911, default 12582911):
Using default value 12582911
Partition 1 of type Linux and of size 6 GiB is set

Command (m for help): t
Selected partition 1
Hex code (type L to list all codes): 8e
Changed type of partition 'Linux' to 'Linux LVM'

Command (m for help): p

Disk /dev/sdb: 6442 MB, 6442450944 bytes, 12582912 sectors
Units = sectors of 1 * 512 = 512 bytes
Sector size (logical/physical): 512 bytes / 512 bytes
I/O size (minimum/optimal): 512 bytes / 512 bytes
Disk label type: dos
Disk identifier: 0xe0644666

   Device Boot      Start         End      Blocks   Id  System
/dev/sdb1            2048    12582911     6290432   8e  Linux LVM

Command (m for help): w
The partition table has been altered!

Calling ioctl() to re-read partition table.
Syncing disks.
```

注意：需要指定分区类型为LVM，对应的ID为8e。同理，在/dev/sdc磁盘上划分3个主分区和1个逻辑分区。分区完成后显示如下：

```
[root@fanhui ~]# fdisk -l /dev/sdb /dev/sdc
Disk /dev/sdb: 6442 MB, 6442450944 bytes, 12582912 sectors
Units = sectors of 1 * 512 = 512 bytes
Sector size (logical/physical): 512 bytes / 512 bytes
I/O size (minimum/optimal): 512 bytes / 512 bytes
Disk label type: dos
Disk identifier: 0xe0644666

   Device Boot      Start         End      Blocks   Id  System
/dev/sdb1            2048    12582911     6290432   8e  Linux LVM

Disk /dev/sdc: 10.7 GB, 10737418240 bytes, 20971520 sectors
```

```
Units = sectors of 1 * 512 = 512 bytes
Sector size (logical/physical): 512 bytes / 512 bytes
I/O size (minimum/optimal): 512 bytes / 512 bytes
Disk label type: dos
Disk identifier: 0x776d1515

   Device Boot    Start       End         Blocks     Id   System
/dev/sdc1         2048        4196351     2097152    8e   Linux LVM
/dev/sdc2         4196352     8390655     2097152    8e   Linux LVM
/dev/sdc3         8390656     12584959    2097152    8e   Linux LVM
/dev/sdc4         12584960    20971519    4193280    5    Extended
/dev/sdc5         12587008    20971519    4192256    8e   Linux LVM
```

【步骤 2】创建物理卷。

将步骤 1 中划分的磁盘分区创建为物理卷，这里仅以 /dev/sdc 为例（后面将以 /dev/sdb 为例）演示如何将其添加到 LVM。

```
[root@fanhui ~]# pvcreate /dev/sdc1 /dev/sdc2 /dev/sdc3 /dev/sdc5
  Physical volume "/dev/sdc1" successfully created.
  Physical volume "/dev/sdc2" successfully created.
  Physical volume "/dev/sdc3" successfully created.
  Physical volume "/dev/sdc5" successfully created.
```

【步骤 3】创建卷组。

```
[root@fanhui ~]# vgcreate myvg1 /dev/sdc1 /dev/sdc2 /dev/sdc3
  Volume group "myvg1" successfully created
[root@fanhui ~]# vgcreate myvg2 /dev/sdc5
  Volume group "myvg2" successfully created
```

【步骤 4】激活卷组。

```
[root@fanhui ~]# vgchange -a y myvg1
  0 logical volume(s) in volume group "myvg1" now active
[root@fanhui ~]# vgchange -a y myvg2
  0 logical volume(s) in volume group "myvg2" now active
```

【步骤 5】显示卷组、物理卷属性信息。

```
[root@fanhui ~]# vgdisplay myvg1
  --- Volume group ---
  VG Name               myvg1
  System ID
  Format                lvm2
  Metadata Areas        3
  Metadata Sequence No  1
  VG Access             read/write
  VG Status             resizable
  MAX LV                0
  Cur LV                0
```

```
  Open LV               0
  Max PV                0
  Cur PV                3
  Act PV                3
  VG Size               5.99 GiB
  PE Size               4.00 MiB
  Total PE              1533
  Alloc PE / Size       0 / 0
  Free  PE / Size       1533 / 5.99 GiB
  VG UUID               XNwG5Y-pNAp-leiC-47RF-t8Iz-d5dm-Qu8R8r
[root@fanhui ~]# pvdisplay /dev/sdc1
  --- Physical volume ---
  PV Name               /dev/sdc1
  VG Name               myvg1
  PV Size               2.00 GiB / not usable 4.00 MiB
  Allocatable           yes
  PE Size               4.00 MiB
  Total PE              511
  Free PE               511
  Allocated PE          0
  PV UUID               69oN6h-wboL-l1jI-ccUM-ULf3-qVNV-xJiGY6
```

【步骤 6】创建逻辑卷。

在卷组 myvg1 下创建 2 个逻辑卷 mylv11 和 mylv12，在卷组 myvg2 上创建一个逻辑卷 mylv21。

```
[root@fanhui ~]# lvcreate -L 4G -n mylv11 myvg1
# 在卷组 myvg1 中创建一个大小为 4GB 的逻辑卷 mylv11
  Logical volume "mylv11" created.
[root@fanhui ~]# vgdisplay myvg1|grep "Free  PE"
# 检查卷组 mylv1 中可用的空间
  Free  PE / Size       509 / 1.99 GiB
[root@fanhui ~]# lvcreate -l 509 -n mylv12 myvg1
# 将卷组 myvg1 中剩余的空间全部分配给逻辑卷 mylv12
  Logical volume "mylv12" created.
[root@fanhui ~]# vgdisplay myvg1|grep "Free  PE"
  Free  PE / Size       0 / 0
[root@fanhui ~]# vgdisplay myvg2|grep "Free  PE"  # 检查卷组 myvg2 的可用空间
  Free  PE / Size       1023 / 4.00 GiB
[root@fanhui ~]# lvcreate -l 1023 -n mylv21 myvg2
# 将卷组 myvg2 的空间全部分配给逻辑卷 mylv21
  Logical volume "mylv21" created.
```

【步骤 7】格式化逻辑卷、创建文件系统。

在逻辑卷上创建文件系统，若使用 Linux 默认的 xfs 文件系统，则使用 mkfs 格式化文件系统。

```
[root@fanhui ~]# mkfs -t xfs /dev/myvg2/mylv21
[root@fanhui ~]# mkfs -t xfs /dev/myvg1/mylv12
[root@fanhui ~]# mkfs -t xfs /dev/myvg1/mylv11
```

建立挂载目录，挂载上面设置的逻辑卷。

```
[root@fanhui ~]# mkdir /mylv11
[root@fanhui ~]# mkdir /mylv12
[root@fanhui ~]# mkdir /mylv2
[root@fanhui ~]# mount -t xfs /dev/myvg1/mylv11 /mylv11
[root@fanhui ~]# mount -t xfs /dev/myvg1/mylv12 /mylv12
[root@fanhui ~]# mount -t xfs /dev/myvg2/mylv21 /mylv2
[root@fanhui ~]# df -h|grep mylv
/dev/mapper/myvg1-mylv11  4.0G   33M  4.0G   1% /mylv11
/dev/mapper/myvg1-mylv12  2.0G   33M  2.0G   2% /mylv12
/dev/mapper/myvg2-mylv21  4.0G   33M  4.0G   1% /mylv2
```

至此，新增的磁盘设备（/dev/sdc）可以使用了。如果要实现开机自动挂载，编辑 /etc/fstab 文件，加上新增的 3 个逻辑卷即可。

【步骤 8】添加新的物理卷到卷组。

将 /dev/sdb1 转换为物理卷，再将新增的物理卷添加到卷组 myvg2 中。

```
[root@fanhui ~]# vgdisplay myvg2|grep "Free  PE"
  Free  PE / Size       0 / 0
# 可以看出 myvg2 空间全部用完
[root@fanhui ~]# pvcreate /dev/sdb1 # 将 /devsdb1 转化为物理卷
  Physical volume "/dev/sdb1" successfully created.
[root@fanhui ~]# vgextend myvg2 /dev/sdb1 # 将新增的物理卷添加到卷组 myvg2 中
  Volume group "myvg2" successfully extended
[root@fanhui ~]# vgdisplay myvg2|grep "Free  PE"
  Free  PE / Size       1535 / 6.00 GiB
```

【步骤 9】修改逻辑卷的大小。

前面给卷组 myvg2 增加了一个物理卷 /dev/sdb1，现在将新增的物理卷空间扩充到逻辑卷 mylv21 中。

```
[root@fanhui ~]# df -h|grep mylv21   # 查看 mylv21 的空间大小
/dev/mapper/myvg2-mylv21  4.0G   33M  4.0G   1% /mylv2
[root@fanhui ~]# lvextend -l +1535 /dev/myvg2/mylv21
  Size of logical volume myvg2/mylv21 changed from 4.00 GiB (1023 extents) to 9.99 GiB (2558 extents).
  Logical volume myvg2/mylv21 successfully resized.
[root@fanhui ~]# df -h|grep mylv21
/dev/mapper/myvg2-mylv21  4.0G   33M  4.0G   1% /mylv2
# 可以看出扩充后的大小没有变化，需要使用 xfs_growfs 命令使扩充的大小生效
```

注意：“-l”选项后的“+1535”代表的是增加的 PE 数，这个值是在上一步通过命令“vgdisplay myvg2|grep Free PE”得到的。也可以用“-L +6G”来代替。

接下来，执行 xfs_growfs 命令，使扩充的大小生效。

```
[root@fanhui ~]# xfs_growfs /mylv2
meta-data =/dev/mapper/myvg2-mylv21    isize=512           agcount=4, agsize=261888 blks
```

```
         =                           sectsz=512     attr=2, projid32bit=1
         =                           crc=1          finobt=0 spinodes=0
data     =                           bsize=4096     blocks=1047552, imaxpct=25
         =                           sunit=0        swidth=0 blks
naming   =version 2                  bsize=4096     ascii-ci=0 ftype=1
log      =internal                   bsize=4096     blocks=2560, version=2
         =                           sectsz=512     sunit=0 blks, lazy-count=1
realtime =none                       extsz=4096     blocks=0, rtextents=0
data blocks changed from 1047552 to 2619392
[root@fanhui ~]# df -h|grep mylv21
/dev/mapper/myvg2-mylv21   10G   33M   10G   1% /mylv2
# 可以看出现在逻辑卷 mylv21 已经动态扩充到 10G
```

至此，LVM 的创建和动态扩展工作全部完成。如果要实现开机自动挂载逻辑卷，将其添加到 /etc/fstab 文件中即可。

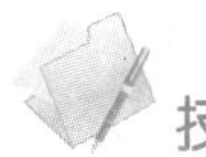

技能检测

一、填空题

在 CentOS 7 下，第 1 块 IDE 硬盘的第 1 个主分区对应的设备名称是________，它的第 1 个逻辑分区对应的设备名称是________；第 1 个光驱对应的设备名称是________。

二、选择题

1. 用于查看磁盘空间使用率的命令是（　　）。
   A. mount　　B. umount　　C. df　　D. du
2. 可以将分区格式转化为 vfat 的命令是（　　）。
   A. mkfs.vfat　　B. mkvfatfs　　C. mkfs -t vfat　　D. mkfs.ext2
3. 下列哪个文件的内容为当前已挂载文件系统的列表？（　　）
   A. /etc/inittab　　B. /etc/profile　　C. /etc/mtab　　D. /etc/fstab
4. 关于文件系统的挂载与卸载，描述正确的选项是（　　）。
   A. 启动时系统按照 fstab 文件描述的内容加载文件系统
   B. 挂载 U 盘时只能挂载到 /media 目录
   C. 不管光驱中是否有光盘，系统都可以挂载光盘
   D. 在 mount -t iso9660/dev/cdrom /cdrom 命令中，/cdrom 目录会自动生成
5. 当一个目录作为一个挂载点被使用后，该目录上的原文件会（　　）。
   A. 被永久删除　　B. 被隐藏，待挂载设备卸载后恢复
   C. 被放入回收站　　D. 被隐藏，待计算机重启后恢复
6. 如何从系统中卸载一个已经挂载的文件系统？（　　）
   A. umount　　B. dismount
   C. mount -u　　D. 从 /etc/fstab 文件中删除此文件系统项
7. /dev/hda5 在 Linux 中表示什么？（　　）
   A. IDE0 接口上的从盘　　B. IDE0 接口上主盘的逻辑分区
   C. IDE0 接口上主盘的第 5 个分区　　D. IDE0 接口上从盘的扩展分区

三、简答题

1. Linux 下挂载分区和 Windows 下有何不同？
2. 简述 LVM 的作用及创建过程。

四、实操题

现有一个 Windows 下使用过的 U 盘（/dev/sdb1），要求在此 U 盘上新建 myfiles 目录，并在此目录下新建一个文件 soft，内容为“hello world”，再将该文件复制到 /root 目录下，最后安全取出 U 盘。要求写出相关的命令行。

项目 7

系统资源管理

项目导读

资源管理是 Linux 系统管理中非常重要的一部分。本项目将讲解基本的系统资源管理命令、进程的概念和分类，重点讲解 Linux 下的进程管理与维护，详细介绍进程的自动调度。

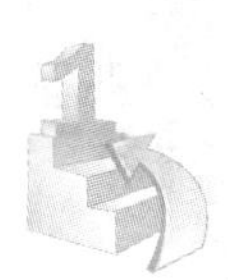

学习目标

- 理解进程和作业的概念。
- 掌握前后台进程的切换方法。
- 掌握进程管理命令的使用方法。
- 理解进程的不同状态的含义。
- 掌握 cron 调度的配置方法。

课程思政目标

树立大局意识，善于从全局角度、用发展的眼光观察形势，分析问题，做到正确认识大局、自觉服从大局、坚决维护大局。

任务 7.1　认知进程

7.1.1　进程的概念

Linux 是一个典型的多用户、多任务操作系统。多用户是指多个用户可以在同一时间使用系统，多任务是指 Linux 系统可以同时执行多个任务。

进程和程序是两个不同的概念，既有联系又有区别。

程序是代码的集合，它可以启动一个或者多个进程，程序只占用磁盘空间，不占用系统运行资源。

进程是具有独立功能的程序的一次运行过程，是系统资源分配和调度的基本单位。进程是动态的、可变的，关闭进程后，其占用的内存和 CPU 资源随即释放。

正在执行的一个或多个相关进程形成一个作业。一个作业可启动多个进程。作业分为前台作业和后台作业。

（1）前台作业：运行于前台，用户可以对其进行交互操作。

（2）后台作业：不接收终端输入，但是可以向终端输出执行结果。

进程的状态包括：可执行状态、可中断的睡眠状态、不可中断的睡眠状态、暂停状态或跟踪状态以及退出状态，但这并不意味着进程在它的生命周期里都会经历这些状态的变迁，因为有些状态是在进程处于非正常的情况下才产生的。

1. 可执行状态（Running or runnable，R）

进程在运行队列里的状态，同一时刻可能有多个进程处于可执行状态，进程只有处于该状态才可能拥有 CPU 的执行权。

2. 可中断的睡眠状态（Interruptible sleep，S）

处于此状态的进程由于等待某种事件的发生而被挂起，放入对应事件的等待队列中。当该进程等待的事件发生时，就会被唤醒。

3. 不可中断的睡眠状态（Uninterruptible sleep，D）

当进程处于不可中断的睡眠状态时，不响应外来的任何信号，出现这种状态的进程可能是因为长时间等待 IO 而没有得到响应。这样的进程常被用于内核级别的处理流程。

4. 暂停状态或跟踪状态（Stopped，T）

当向进程发送一个 SIGSTOP 信号时，进程响应该信号就会处于暂停状态，接收到 SIGCONT 信号时，就又会转换到可执行状态。当进程正在被跟踪时，就处于跟踪状态。

5. 退出状态（dead/zombie，X/Z）

处于退出状态的进程可分为僵尸进程和被摧毁进程。僵尸进程是一种特殊的进程，这种进程的状态已经结束但相关控制信息仍保留，没有从进程表中删除（只保留一个进程结构体）。僵尸进程产生的主要原因是它的父进程没有使用 wait() 系统调用获取子进程的退出状态以及其他的信息，导致其不能被完全终止。僵尸进程不占用系统资源，但是过多的僵尸进程的存在会导致系统崩溃。被摧毁进程会彻底释放，这种状态非常短暂，几乎不可能通过 ps 命令捕捉。

【例 7-1】 查看系统中进程的状态。

```
[root@fanhui ~]# ps aux
部分结果如下：
root    4129  0.1  0.0 116680  3380 pts/0    Ss    10:38   0:00 bash
root    4166  0.0  0.1 149372  4936 pts/0    T     10:38   0:00 vim
root    4195  0.0  0.0      0     0 ?        S     10:38   0:00 [kworker/2:0]
root    4211  0.0  0.0      0     0 ?        R     10:39   0:00 [kworker/0:0]
root    4216  0.0  0.0 151056  1832 pts/0    R+    10:39   0:00 ps aux
```

可以看出 vim 进程处于暂停状态（T）、ps 进程处于前台运行状态（R+）、内核工作者进程 kworker/2:0 处于睡眠状态（S）。

7.1.2 进程的分类

按照进程的功能和运行的程序，进程可以划分为系统进程和用户进程两类。

（1）系统进程：可以执行内存资源分配和进程切换等管理工作，而且进程的运行不受用户的干预，即使是 root 用户也不能干预系统进程的运行。

（2）用户进程：通过执行用户程序、应用程序或者内核之外的系统程序而产生的进程，此类进程可以在用户控制下运行或关闭。

用户进程可以分为交互进程、批处理进程和守护进程三类。

（1）交互进程：由一个 shell 启动的进程。在执行过程中，需要与用户进行交互操作。

（2）批处理进程：该进程是一个进程集合，负责按顺序启动其他进程。一般在后台运行，不需要和用户进行交互。

（3）守护进程：守护进程是一直运行的一种进程，经常在 Linux 系统启动时启动，在系统关闭时终止，并且在后台运行。它们独立于控制终端并且周期性执行某种任务或者等待处理某些发生的事件。

7.1.3 进程属性

一个进程含有多个属性参数。这些参数决定了进程被处理的先后顺序、能够访问的资源等，这些信息对于系统管理员和程序员来说都非常重要。

1. 进程标识符 PID

在 Linux 系统中，每个进程都会被分配一个唯一的 ID 来标识自己，这个 ID 就是进程标识符 PID（process identifier)。因为其具有唯一性，所以系统可以根据它准确定位一个进程。

虽然 PID 是唯一的，但是可以重复使用。当一个进程终止后，其进程 PID 就可以再次使用了。PID 为 1 的是 systemd 进程（RHEL 7.x/CentOS 7.x)，它是内核启动的第一个用户进程，是所有用户进程的父进程。

2. 父进程标识符 PPID

在 Linux 中，所有的进程都必须由另一个进程创建（除了在系统引导时，由内核自主创建并安装的几个进程外）。当一个进程被创建时，创建它的那个进程被称为父进程，而这个进程相应地被称作子进程。进程的 PPID 就是进程的父进程 PID。

3. 进程组标识符 PGID

每个进程都属于一个进程组（process group)，进程组是一个或多个进程的集合，它们与同一作业相关联。每个进程组都会有一个领导进程（Process Group Leader)，领导进程的 PID 就是进程组的 ID（PGID)，用于识别进程组。

4. 优先级

进程的优先级决定了其受到 CPU 优待的程度。优先级高的进程能够更早地被处理，并获得更多的 CPU 时间。Linux 内核会综合考虑一个进程的各种因素来决定其优先级，一般不需要用户干预。若用户因为某种原因希望尽快完成某个进程，可以通过修改进程优先级来实现。

为了对进程进行有效调度，Linux 系统提供了进程优先级设置功能，进程优先级的取值范围为 -20 ～ 19 的整数，取值越低，优先级越高，默认为 0。

【例 7－2】 显示系统中的进程的属性。

```
[root@fanhui ~]# ps axo pid,ppid,pgid,nice,command
  PID  PPID  PGID  NI COMMAND                                    # 仅列出部分进程信息
    1     0     1   0 /usr/lib/systemd/systemd --switched-root --system
    2     0     0   0 [kthreadd]
  300     2     0 -20 [mpt_poll_0]
 4155  4150  4155   0 bash
 4259  4155  4259   0 python3 ./io.py
 4289  4155  4289   0 python3 ./io.py
 4494  4155  4494   0 python3 ./io.py
```

终端上启动了 3 个 python3 进程，优先级都为 0，内核进程 mpt 的优先级最高，为 -20。

7.1.4 进程文件系统 proc

proc 文件系统是 Linux 操作系统基于内存的一种虚拟文件系统，用于输出系统的运行状态。它以文件系统的形式为操作系统本身和应用程序之间的通信提供了一个界面，使得应用程序能够安全、方便地获得系统当前的运行状况和内核的内部数据信息，并可以修改某些系统的配置信息。

由于 proc 以文件系统的接口实现，所以用户可以像访问普通文件一样对其进行访问，但它只存在于内存中，并不存在于真正的物理磁盘当中。因此，当系统重启或者关机时，该系统中的数据和信息将全部消失。该文件系统中的一些重要文件和目录见表 7－1。

表 7－1 proc 文件系统中的一些重要文件和目录

文件 / 目录	含义	文件 / 目录	含义
/proc/n	进程 n 的信息目录，n 为进程号	/proc/kcore	系统物理内存映像
/proc/cpuinfo	处理器信息	/proc/kmsg	核心输出的消息
/proc/meminfo	物理内存和 swap 使用信息	/proc/loadavg	系统的平均负载
/proc/devices	当前运行的设备驱动列表	/proc/loadmodules	当前加载了哪些核心模块
/proc/filesystems	核心配置的文件系统	/proc/net	网络协议状态信息
/proc/interrupts	显示使用的中断	/proc/version	核心版本
/proc/ioports	当前使用的 I/O 端口	/proc/uptime	系统启动的时长

任务 7.2 启动进程

进程的启动方式分为手动启动和调度启动两种。手动启动是指用户输入 shell 命令后直接启动进程，调度启动是指系统按用户要求的时间或方式执行特定的进程。

7.2.1 手动启动

手动启动可以分为前台启动和后台启动。

（1）前台启动：用户输入一个 shell 命令后按回车键即可启动一个前台进程。

（2）后台启动：在 shell 命令的末尾加上“&”符号，再按回车键，即可启动后台进程。

前台进程启动后，相关信息会在当前工作环境下显示出来，用户可以和进程进行交互。后台进程启动后，进程就在后台运行，相关信息不会在当前的工作环境中显示出来，用户也不可以和进程交互。

从适用性角度来说，后台进程更适合那些需要很长的时间来执行的命令，而需要终端进行输入、输出操作的命令则更适合在前台运行。若将这类命令切换到后台，便会由于需要键盘读取输入而停止运行。

【例 7－3】 前台进程和后台进程的启动。

（1）以前台方式运行 vi 程序，在屏幕上输出信息。

```
[root@fanhui ~]#vi fh.sh
```

（2）以后台方式运行 fh.sh 程序，屏幕上无任何显示。

```
[root@fanhui ~]# vi fh.sh &
[1] 15326                                #[1] 代表这是一个后台运行的作业，编号为 1
[1]+  Stopped          vi fh.sh          #+ 代表它是最近一个被放到后台的进程
```

也可以输入 vi fh.sh 后，按【Ctrl+Z】组合键挂起 vi，再切换到后台。

```
[root@fanhui ~]# vi fh.sh
                              # 输入 ctrl+z 组合键
[2]+  Stopped                 vi fh.sh
```

作业的前后台切换的 shell 命令如下：

```
fg [ 作业号 ]
```

fg 命令用于将后台作业切换到前台运行。若未指定作业号，则将后台作业序列中的第 1 个作业切换到前台运行。

```
bg [ 作业号 ]
```

bg 命令用于将前台作业切换到后台运行。若未指定作业号，则将当前作业切换到后台。

jobs 命令用于显示当前所有作业。例如，显示当前所有作业的详细信息：

```
[root@fanhui ~]# jobs -l
[1]- 15804 Stopped              vi fh.sh
[2]+ 16085 Stopped              vi fh.sh
```

7.2.2 调度启动

Linux 系统允许用户根据需要在指定的时间自动运行特定的进程，也允许用户将非常消耗资源和时间的进程安排到系统比较空闲的时间来执行。在 Linux 系统中可实现 at 调度、batch 调度和 cron 调度。

对于偶尔运行的进程可采用 at 调度或 batch 调度，对于特定时间重复运行的进程采用 cron 调度。

1. at 调度

at 命令用于设置在指定时间执行指定的任务。

命令格式如下：

```
at [ 选项 ] [ 时间 ]
```

常用选项如下：

- -f file：命令从指定的文件 file 中读取，而不是从标准输入读取。
- -l：显示待执行任务的列表。
- -d：删除指定的待执行任务。
- -v：显示作业的执行时间。
- -m：任务执行完成后向用户发送 E-mail。
- -c：显示指定的任务内容。

时间的表示可以采用绝对时间或相对时间。

at 会把任务放到 /var/spool/at 目录中，到指定时间再运行。任务的执行结果会放到 /var/spool/mail/username 文件中，如果当前用户使用 su 命令切换了用户身份，再使用 at 命令，那么当前用户被认为是执行用户，所有的错误和输出结果都会送至这个用户，username 即是执行用户名。

【例 7－4】 在 2021 年 12 月 24 日 15:00 执行自动任务。

```
[root@fanhui etc]# at 15:00 12/24/21
at> find / -name *.c >/etc/result              # 系统出现 at> 提示符，等待用户输入命令序列
at> echo "all code file have been searched out" | mail -s "job done"  test
at> <EOT>                                       # 输入完成后按 ctrl+d 组合键，结束输入
job 5 at Sun Dec 24 15:00:00 2021
```

在实际应用中，如果命令序列较长或者需要经常被执行，一般将该序列写入一个文件，然后将文件作为 at 命令的输入来执行，这样不易出错。

```
[root@fanhui etc]# at -f job 15:00 12/24/21          # 将命令序列写入 job 文件
job 6 at Sun Dec 24 15:00:00 2021
```

2. batch 调度

batch 命令与 at 命令的功能几乎相同，唯一的区别在于：at 命令是在指定时间内精确地执行指定任务，而 batch 命令是确保在系统负荷较低、资源比较空闲的时间执行任务。batch 的执行主要由系统来控制，用户的干预权利很小。batch 调度适合于时间上要求不高，但运行时占用系统资源较多的工作。batch 命令的选项与 at 命令相同。

命令格式如下：

```
batch [ 选项 ] [ 时间 ]
```

batch 命令本身的特点就是由系统决定执行任务的时间，如果用户再指定一个时间，该命令就失去了本来的意义。

【例 7－5】 batch 调度的应用。

```
[root@fanhui mail]# batch
at> wall "hello everyone"
at> <EOT>
job 11 at Thu Dec 21 15:35:00 2017
```

```
[root@fanhui mail]#
Broadcast message from root@fanhui (Thu Dec 21 15:35:19 2017):
hello everyone
```

3. cron 调度

at 调度和 batch 调度中指定的命令只能执行一次。但在实际的系统管理中，有些命令需要在指定的日期和时间重复执行，例如，每天例行要做的数据备份。cron 调度正好可以满足这种需求。cron 调度与 crond 进程、crontab 命令和 crontab 配置文件有关。

cron 命令运行时会搜索 /var/spool/cron 目录，寻找以 /etc/passwd 文件中的用户名来命名的 crontab 文件，如果找到便将其载入内存。cron 启动后，将首先检查是否有用户设置了 crontab 文件，如果没有就转入“休眠”状态，释放系统资源。命令执行结束后，任何输出都将作为邮件发送给 crontab 的所有者。

（1）crontab 配置文件。

crontab 配置文件保留 cron 调度的内容，每行代表一个调度任务。每个调度任务包括 7 个字段，字段之间通过空格或者制表符分隔，从左到右依次为：

```
minute hour day-of-month month day-of-week [user-name] command
```

表 7－2 中列出了 7 个字段的含义及取值范围，所有的字段不能为空。其中 user-name 字段只能在 /etc/crontab 和 /etc/cron.d 下的相关文件中出现，普通用户的 crontab 文件不应该也没有权利包含这个字段。

表 7－2　字段取值范围

字段名	含义
minute	分钟，取值范围：0 ～ 59
hour	小时，取值范围：0 ～ 23
day-of-month	日期，取值范围：1 ～ 31
month	月份，取值范围：1 ～ 12
day-of-week	星期，取值范围：0 ～ 6，（周日是 0）
user-name	确定以何种用户身份执行 command 字段的命令，取值范围为系统合法用户
command	被执行的有效 shell 命令，命令不加引号，可以使用“( )”括起多条命令，命令之间用“;”隔开

如果用户不想指定其中的某个字段，那么可以使用通配符“*”代替。其他可用的符号包括：

- -：表示一段时间。例如，在日期栏中输入“1-5”表示每个月的 1 ～ 5 日。
- /：表示时间的间隔。例如，在日期栏中输入“*/3”表示每隔 3 天。
- ,：表示指定的时间。例如，在日期栏中输入“1，5”表示每个月的 1 日、5 日。

如果执行的命令未使用输出重定向，那么系统将会把执行结果以邮件的方式发送给 crontab 文件的所有者。为了避免日志信息过大，影响系统的正常运行，将每个任务进行重定向非常有必要。

普通用户的 crontab 配置文件保存于 /var/spool/cron 目录下，这个配置文件以用户登录名作为文件名。例如 test 用户的 crontab 文件就叫 test，cron 依据这些文件名来判断到时间后以哪个用户身份执行任务。

不仅每个用户有 crontab 文件，整个系统也有 crontab 文件 /etc/crontab。系统 crontab 文件不用 crontab 命令进行管理。相反，该文件用文本编辑器直接编辑。通常把和系统维护管理相关的全局任务计划存放在 /etc/crontab 文件中。另一个用于存放系统 crontab 文件的地方是 /etc/cron.d 目录，通常，该目录中的文件不需要管理员手动配置，应用软件自己设置的任务计划存放在此目录下。

crond 守护进程每 1 分钟检查一次所有注册的用户的 crontab 文件，并执行所有相关的任务。

（2）crontab 命令。

```
格式：crontab [ 选项 ]
```

常用选项如下：

- -e：调用编辑器打开用户的 crontab 文件，在用户完成编辑后保存并提交。
- -l：列出用户的 crontab 文件（如果存在）中的内容。
- -r：删除用户自己的 crontab 文件。

```
[root@fanhui cron]# crontab -e
crontab: installing new crontab
[root@fanhui cron]# pwd
/var/spool/cron
[root@fanhui cron]# more root
00 03 * * * tar -czvf etc.tar.gz /etc
```

（3）crond 进程。

crond 进程在系统启动时被启动，并一直运行于后台。crond 进程负责检测 crontab 配置文件，并按照其设置内容，定期重复执行指定的 cron 调度工作。

【例 7－6】 在每月的 10 日、20 日、30 日的凌晨 2:00 进入 /opt/project 目录，以用户 fanhui 的身份执行编译任务，不进行日志输出。

```
[root@fanhui cron]# pwd
/var/spool/cron
[root@fanhui cron]# crontab -e
crontab: installing new crontab
[root@fanhui cron]# more root
                    # 查看配置文件内容
0 2 */10 * * fanhui (cd /opt/project;make  >/dev/null 2>&1)
```

任务 7.3 管理进程

014 进程管理

7.3.1 查看进程状态

1. 静态监控进程状态

ps 命令是查看进程状态的常用命令，可以提供关于进程的许多信息，查看结果并不是动态连续的，而是某个时刻进程的快照。

命令格式如下：

```
ps [ 选项 ]
```

选项可以采用 UNIX 和 BSD 风格。

常用选项如下：

- a：显示当前终端上所有的进程。
- e/A：显示系统中所有进程的信息，除了内核进程。
- f：全部列出，通常和其他选项联用。
- l：显示进程的详细信息，包括父进程号、进程优先级等。
- r：只显示正在运行的进程。
- u：显示进程的详细信息，包括 CPU 和内存的使用率、状态、开始时间等。
- x：显示后台进程的信息。
- o：用户自定义输出列。

【例 7－7】 显示某一时刻所有进程的详细信息。

这里只选取了 ps aux 命令输出的部分行信息，表 7－3 列出了这些字段的具体含义。

```
[root@fanhui mail]# ps aux
USER  PID %CPU %MEM  VSZ  RSS TTY  STAT  START  TIME COMMAND
root     2    0.0  0.0      0       0      ?   S    08:42   0:00  [kthreadd]
root  16929  2.3  0.2  149380  4944 pts/0  T    10:56   0:00  vim
root  15933  0.0  0.1  116564  3296 pts/0  S    09:44   0:00  -bash
```

表 7－3 进程信息列字段的含义

字段	含义
USER	进程创建者的用户名
PID	进程标识号
%CPU	进程占用 CPU 的百分比
%MEM	进程占用内存的百分比
VSZ	进程占用的虚拟内存大小，单位为 KB
RSS	进程使用的、未被换出的物理内存大小，单位为 KB
TTY	进程建立时所对应的终端 id 号，若取值为? 表示该进程不占用终端
STAT	进程的状态中常用字母的含义如下： 正在运行（R）；不能被中断（D）；处于休眠状态（S）；被跟踪或停止（T）； 僵尸状态（Z）；死掉的进程（X） 常用的附件标志有： 优先级高的进程（<）；优先级低的进程（N）；多线程（l）；有页面锁定于内存（L）； 进程的领导者，表明该进程有子进程（s）；前台进程（+）
START	进程启动时间
TIME	进程占用的 CPU 时间
COMMAND	命令和参数

2. 动态监控进程状态

ps 命令可以一次性给出当前系统中进程信息的快照，但是这样的信息往往缺乏时效性。当管理员需要实时监控进程运行情况时，就必须不停地执行 ps 命令，显然效率很低。为此，Linux 系统提供了 top 命令来实时跟踪当前系统中的进程的情况。

命令格式如下：

```
top [ 选项 ]
```

常用选项如下：

- -d：指定两次屏幕信息刷新的时间间隔。
- -i：不显示闲置或者僵尸进程的信息。
- -c：显示进程的整个命令路径，而不是只显示命令名称。
- -s：在安全模式下运行，此时交互式命令被取消，避免潜在威胁。
- -b：分屏显示输出信息。
- -n：输出信息更新的次数，完成后将退出 top 命令。

除了一些选项外，top 命令还有很多的交互式命令。交互式命令就是在 top 命令执行过程中使用的一些命令，这些命令都是单个字母。

常用的交互式命令如下：

- k：终止一个进程，系统将提示用户输入一个需要终止进程的 pid。
- s：改变 top 输出信息两次刷新的时间间隔。
- m：切换显示内存信息。
- t：切换显示进程和 CPU 状态信息。
- r：重新设置一个进程的优先级。
- q：退出 top 显示。

3. 利用 pstree 监控系统进程

pstree 命令以树形结构显示程序和进程之间的关系。

命令格式如下：

```
pstree [-acnpu] [pid/user]
```

常用选项如下：

- -a：显示启动每个进程的完整命令。
- -c：不使用精简法显示进程信息，即显示的进程中包含子进程和父进程。
- -n：根据进程 PID 来排序输出。
- -p：显示进程的 PID。
- -u：显示进程对应的用户名。
- pid：进程标识符。
- user：系统用户名。

【例 7－8】 获取某个用户启动的进程。

```
[fanhui@fanhui ~]$ pstree -c -p fanhui
bash(18443) ──┬── pstree(18583)
              └── vim(18482)
```

7.3.2 终止进程

通常情况下，可以通过停止程序运行的方法来结束程序产生的进程。但是有时由于某些原因，程序停止响应，无法正常终止，这时就需要通过 kill 命令终止进程来结束程序的运行。kill 命令不但能杀死进程，同时也会杀死该进程的所有子进程。

命令格式如下：

```
kill [-s 进程 id] pid 或者 kill -l[ 信号 ]
```

常用选项如下：

- -s：指定要发送的信号，既可以是信号名（如 SIGKILL），也可以是对应信号的号码（如 9）。
- -l：显示信号名称列表。

格式“ kill pid”是向指定的进程发送终止运行的信号，进程将自行结束并处理好相关事务，属于安全结束；格式“kill -9 pid”属于强制结束。

如果同一个程序启动了多个进程，则必须手动执行多次 kill 命令才能杀掉所有进程，为此，Linux 提供了另一个更加方便的命令 killall。

使用 killall 命令结束进程，用户无须知道进程的进程号，只需要输入程序名称即可，非常方便。同时，killall 命令还可以结束属于某一个用户的所有进程，例如，结束 test 用户启动的所有进程，可以使用 killall -u test。

7.3.3 更改进程优先级

在 Linux 系统中，每个进程在执行时都会被赋予一个优先等级，优先级越高，进程获得 CPU 的时间就会越多，可以分配到更多的 CPU 时间片。在 Linux 系统中，进程的优先级范围为 [0，139]，共 140 级，数值越低，优先级越高。普通进程的静态优先级范围为 [100，139]，实时进程的优先级范围为 [0，99]。静态优先级决定了系统分配给进程的时间片长度，也就是说静态优先级越高（其值越小），进程获得的 CPU 时间片就越长。

普通进程除了静态优先级，还有动态优先级，它是调度程序在选择新进程来运行的时候所使用的数值，它与静态优先级的关系如下：

动态优先级 =max(100,min(静态优先级 -bonus+5,139))

其中，bonus 范围为 [0，10]，值小于 5 表示降低动态优先级以示惩罚，值大于 5 表示增加动态优先级以示奖励，它依赖于进程过去的情况，与进程的平均睡眠时间有关。

在 Linux 系统中，可以使用 nice 和 renice 命令更改进程的静态优先级。nice 命令用于指定进程启动时的优先级（静态优先级），renice 命令用于改变正在执行的进程的优先级。

进程静态优先级的范围为 [-20，19]（称为 nice 值或者 NI 值），映射到实际优先级的范围 [100，139]。优先级 [-20，-1] 只有 root 用户可以设置，进程默认静态优先级状态为 0。Linux 的进程是抢占式的，高优先级的进程可以中断当前正在运行的低优先级的进程。nice 值虽然不是动态优先级，但是它却可以影响进程的优先级。

应用 ps 命令并采用 BSD 风格的选项显示进程的优先级时，PRI 值是实际优先级减去 100 的差值，当采用 UNIX 风格的选项时，PRI 值是实际优先级减去 40 的差值。

命令格式如下：

```
nice [选项][命令[参数]...]
```

常用选项如下：

- -n，--adjustment=N：将原有的优先级顺序调整，N 值默认为 10。
- --help：显示帮助信息。
- --version：显示版本信息。

【例 7-9】更改进程优先级。

```
[root@fanhui ~]# more test.sh &                    # 进程默认 nice 值为 0
[1] 15259
[1]+ Stopped              more test.sh
[root@fanhui ~]# nice more test.sh &               # nice 命令启动的进程默认 nice 值为 10
[2] 15263
[2]+ Stopped              nice more test.sh
[root@fanhui ~]# nice -19 more test.sh &           # 设置进程的静态优先级为 19
[3] 15267
[3]+ Stopped              nice -19 more test.sh
[root@fanhui ~]# nice --19 more test.sh &          # 设置进程的静态优先级为 -19
[4] 15311
[4]+ Stopped              nice --19 more test.sh
[root@fanhui ~]# nice --40 more test.sh &
# nice 指定进程的静态优先级为 -40，若超过最高的优先级 -20，系统会自动取最近的等级（也就是 -20）
[5] 15323
[5]+ Stopped              nice --40 more test.sh
[root@fanhui ~]# ps l
F S  UID  PID   PPID  C PRI  NI  ADDR SZ WCHAN  TTY   TIME     CMD
0 T  0    15259 15002 0 20    0  - 27531 signal  pts/0 00:00:00 more
0 T  0    15263 15002 0 30   10  - 27531 signal  pts/0 00:00:00 more
0 T  0    15267 15002 0 39   19  - 27531 signal  pts/0 00:00:00 more
4 T  0    15311 15002 0  1  -19  - 27531 signal  pts/0 00:00:00 more
4 T  0    15323 15002 0  0  -20  - 27531 signal  pts/0 00:00:00 more
[root@localhost fanhui]# renice -n -10 15323 # 按进程号修改正在运行的进程的优先级
15323 (process ID) old priority -20, new priority -10
```

任务 7.4　使用资源管理命令

前面介绍了进程管理命令 ps、top、nice、renice 和 kill 的使用，下面介绍其余的基本系统资源管理命令。

7.4.1　sar 命令

sar 命令用于提供系统活动报告。

命令格式如下：

```
sar [选项][<时间间隔>[次数]]
```

其中，时间间隔默认为 10 分钟。

常用选项如下：

- -A：显示设备运行状况。
- -b：I/O 和传输速率信息状况。
- -B：分页状况。
- -d：块设备状况。
- -H：交换空间利用率。
- -I { < 中断 > | SUM | ALL | XALL }。
- -m { < 关键词 > [,...] | ALL }。
- -q：队列长度和平均负载。
- -r：内存利用率。
- -R：内存状况。
- -S：交换空间利用率。

【例 7－10】 显示系统中内存的使用状况。

```
[root@fanhui log]# sar -r
Linux 3.10.0-514.el7.x86_64 (fanhui.localdomain)      2020 年 09 月 11 日      _x86_64_      (4 CPU)
09 时 52 分 27 秒    LINUX RESTART
10 时 00 分 01 秒    kbmemfree    kbmemused    %memused    kbbuffers    kbcached    kbcommit
                     %commit      kbactive     kbinact     kbdirty
10 时 10 分 01 秒    2620156      1245392      32.22       1256         558772      2751324
                     22.45        546424       460032      0
平均时间：           2620156      1245392      32.22       1256         558772      2751324
                     22.45        546424       460032      0
```

可以看出 10 分钟里内存的使用率为 32.22%，缓冲区大小为 558 772KB。

7.4.2 iostat 命令

与 sar 命令相比，iostat 命令报告系统具有更多常见的输入 / 输出统计信息，不仅是 CPU，还有连接的存储设备。

【例 7－11】 每隔 2 秒统计 CPU 和存储设备信息，一共统计 1 次。

```
[root@fanhui log]# iostat 2 1
Linux 3.10.0-514.el7.x86_64 (fanhui.localdomain)      2020 年 09 月 11 日      _x86_64_      (4 CPU)
avg-cpu:   %user    %nice    %system    %iowait    %steal    %idle
           0.52     0.01     0.91       0.04       0.00      98.53
Device:    tps      kB_read/s   kB_wrtn/s   kB_read   kB_wrtn
sda        9.18     314.84      13.11       653945    27227
sdb        0.13     0.86        0.00        1796      0
dm-0       8.07     299.93      12.12       622958    25179
dm-1       0.06     0.51        0.00        1068      0
```

可以看出第 1 块 SCSI 硬盘和第 1 个逻辑卷读写操作较多。

7.4.3 dstat 命令

dstat 命令是一个用来替换 vmstat、iostat、netstat、nfsstat 和 ifstat 命令的工具，是一

个全能的系统信息统计工具。

直接应用 dstat 的话，默认使用的是 -cdngy 参数，分别显示 cpu、disk、net、page、system 分组信息，默认每秒输出一次。具体信息含义见表 7 - 4。

表 7 - 4　统计信息含义

分组	分组含义
CPU 统计	CPU 的使用率，分别为用户占比 usr、系统占比 sys、空闲占比 idl、等待占比 wai、硬中断 hiq 和软中断 siq 等情况
磁盘统计	磁盘的读写情况，分别显示磁盘的读 read、写 write 总数
网络统计	网络设备发送和接受的数据，分别显示网络收 recv、发 send 数据的总数
分页统计	系统的分页活动，分别显示换入（in）和换出（out）
系统统计	统计中断（int）和上下文切换（csw）

【例 7 - 12】 每 2 秒统计一次内存占用最高的进程和 IPC 数据，共统计 3 次。

```
[root@fanhui ~]# dstat --top-mem --ipc 2 2
--most-expensive-    --sysv-ipc-
memory  process    |msg sem shm
gnome-shell  167M|  0   0   5
gnome-shell  167M|  0   0   5
gnome-shell  167M|  0   0   5
```

项目实训

一、实训主题

Linux 系统管理员为了避免内存中僵尸进程对系统资源的长时间占用，计划每天凌晨对系统中所有的僵尸进程进行自动清理，请问如何实现？

二、实训分析

1. 操作思路

通过 ps 命令查找系统中进程的状态（stat 为 Z），可以获取僵尸进程的 pid，然后通过 kill 命令消灭僵尸进程。

2. 所需知识

（1）进程状态标识符。

（2）ps 命令。

（3）kill 命令。

（4）cron 调度。

三、实训步骤

【步骤 1】查找系统中的僵尸进程 PPID。

```
[root@fanhui ~]# ps -axo ppid,stat | grep -e [Zz]$   # 查找以 Z/z 结尾的进程（僵尸进程）
```

使用“ps -axo ppid，stat”命令指定输出父进程号 ppid 和进程状态 stat 两列，将信息输出给管道，grep 从管道中读入信息，匹配以字符“Z/z”结尾的行。僵尸进程的状态为“Z/z”。

【步骤 2】消灭僵尸进程的父进程。

僵尸进程是直接消灭不掉的，必须消灭其父进程，才能消灭僵尸进程。

```
[root@fanhui ~]# ps -axo ppid,stat | grep -e [Zz]$ | awk '{if (NR>1) print $1}'|xargs kill -9
```

通过 awk（文本分析工具）获取僵尸进程的 PPID，执行 kill -9 命令清除僵尸进程的父进程。xargs 是给命令传递参数的一个过滤器，可以将管道或标准输入的数据转换成参数。

也可以使用以下命令来完成：

```
[root@fanhui ~]#ps -axo ppid,stat | grep -e [Zz]$ | kill -9 `awk '{if (NR>1) print $1}'`
```

【步骤 3】通过 cron 调度实现自动清理任务。

```
[root@fanhui ~]#crontab -e
00 00 * * * ps -axo ppid,stat | grep -e [Zz]$ | kill -9 `awk '{if (NR>1) print $1}'`
```

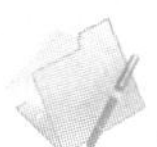

技能检测

一、选择题

1. 下面哪组快捷键可以迅速终止前台运行的进程？（　　）

   A.【Ctrl+A】　B.【Ctrl+C】　C.【Ctrl+Z】　D.【Ctrl+Q】

2. 下面哪个进程的进程号为 1？（　　）

   A. login　B. systemd　C. bash　D. ps

3. 下面哪个命令能显示系统中正在执行的全部进程？（　　）

   A. ps -x　B. ps -A　C. ps -a　D. ps -u

4. 进程列表中，STAT 列中的 R 表示什么？（　　）

   A. 进程已被挂起　B. 进程已僵死
   C. 进程处于休眠状态　D. 进程处于运行状态

5. 如果在某用户的 crontab 文件中有以下记录，那么该行中的命令多久执行一次？（　　）

   30 4 * * 3 mycmd

   A. 每小时　B. 每周二
   C. 每年三月中每小时　D. 每周三

6. David 用户的 crontab 配置文件的路径和文件名是什么？(　　)

A. /var/cron/David　　B. /var/spool/cron/David

C. /home/David/cron　　D. /home/David/crontab

7. 以下说法中错误的是(　　)。

A. 一个进程可以是一个作业　　B. 一个作业可以是一个进程

C. 多个进程可以是一个作业　　D. 多个作业可以是一个进程

二、简答题

什么是守护进程？

三、实操题

某系统管理员需每天完成下列重复工作，请按照要求编制一个解决方案。

（1）在下午 4:50 删除 /abc 目录下的全部子目录和全部文件。

（2）从早上 8:00 至下午 6:00，每小时读取 /xyz 目录下 x1 文件中最后 5 行的全部数据并加入到 /backup 目录下的 bak01.txt 文件内。

（3）每逢周一下午 5:50 将 /data 目录下的所有文件和子目录归档并压缩为 backup.tar.gz。

（4）在下午 5:55 将 SCSI 接口上的 CD-ROM 卸载（CD-ROM 的设备名为 sdc）。

项目 8

软件包管理

项目导读

在 Red Hat 公司推出 RPM 包标准之前，Linux 操作系统下的软件主要以源代码形式发布，对于使用者而言需要自行编译软件，安装和卸载都不方便。而预编译好的程序经常因为库文件的依赖性问题而导致无法使用。RPM 的推出极大地方便了程序员对 Linux 的使用。除了 RPM 方式外，还有一种包管理方式比较流行，使用也更加方便，它就是 yum。本项目将详细介绍 RHEL/Cent OS 下 rpm 和 yum 工具的使用方法。

学习目标

- 掌握 rpm 工具的使用方法。
- 掌握 yum 工具的配置和使用方法。
- 理解 rpm 和 yum 的异同。

课程思政目标

在学习和工作中，注重培养钻研精神，工匠精神，理解从一般到特殊、从简单到复杂的辩证关系，能够做到举一反三。

任务 8.1　使用 rpm 工具

8.1.1　rpm 简介

RPM（Red Hat Package Manager）是 Red Hat 公司 Linux 版本的软件包管理标准，适用于 Fedora、RHEL 和 Cent OS 等 Linux 发行版本，是以数据库记录的方式将所需软件

安装在 Linux 系统中的一套管理程序。系统中存在一个 rpm 的数据库，记录了包与包之间的依赖相关性。

软件包分为源码包（*.src.rpm）和二进制包（*.rpm），源码包一般需要先配置环境（./configure），然后编译源代码文件（make），最后进行安装（make install），适用于定制系统，但是安装较为麻烦，而二进制包安装方便，可以直接安装在系统中。

rpm 包是预先在 Linux 主机上编译好并打包的二进制文件，安装起来非常快捷。

rpm 包的文件名采用固定格式：

```
软件名 - 版本号 - 发布次数 . 适合的 Linux 发行版本 . 适合的硬件平台 .rpm
```

【例 8－1】 解释 rpm 包 dhcp-4.2.5-47.el7.centos.x86_64.rpm 的含义。

该软件包表示软件名是 dhcp，版本号是 4.2.5，发布次数是 47，适合的 Linux 版本是 RHEL/Cent OS7，适合的硬件平台是 64 位 x86 的 CPU。

8.1.2 查询软件包

查询软件包时，系统将会列出软件包的详细信息，包括含有多少个文件、文件的名称、文件的大小、创建时间、编译日期等。

命令格式如下：

```
rpm {-q|--query} [ 选项 ]
```

选项包括 3 类：详细选项、信息选项和通用选项。

1. 详细选项

- -f 文件名：查询文件属于哪个软件包。
- -a：查询所有已安装的软件包。

2. 信息选项

- -i：显示软件包的概要信息。
- -l：显示软件包的文件列表。
- -c：显示配置文件列表。
- -d：显示文档文件列表。
- -s：显示软件包中的文件列表及其状态。

3. 通用选项

- -v：显示附加信息。
- -vv：显示调测信息。

【例 8－2】 rpm 工具的使用。

（1）查询文件所属软件包。

```
[root@fanhui Packages]# rpm -qf /usr/bin/tar
tar-1.26-31.el7.x86_64
```

（2）查询软件包所包含的文件列表。

```
[root@fanhui Packages]# rpm -ql samba-4.4.4-9.el7.x86_64
/etc/openldap/schema
/etc/openldap/schema/samba.schema
......
```

（3）查询软件包概要信息。

```
[root@fanhui Packages]# rpm -qi samba-4.4.4-9.el7.x86_64
Name        : samba
Epoch       : 0
Version     : 4.4.4
Release     : 9.el7
Architecture : x86_64
Install Date : Thu 24 Aug 2017 09:38:01 AM CST
Group       : System Environment/Daemons
Size        : 1869290
License     : GPLv3+ and LGPLv3+
Signature   : RSA/SHA256, Mon 21 Nov 2016 04:38:30 AM CST, Key ID 24c6a8a7f4a80eb5
Source RPM  : samba-4.4.4-9.el7.src.rpm
Build Date  : Mon 07 Nov 2016 06:31:03 PM CST
......
```

（4）查询指定的软件包是否已安装。

```
[root@fanhui Packages]# rpm -qa|grep samba
samba-client-4.4.4-9.el7.x86_64
samba-libs-4.4.4-9.el7.x86_64
samba-common-tools-4.4.4-9.el7.x86_64
samba-common-4.4.4-9.el7.noarch
samba-common-libs-4.4.4-9.el7.x86_64
samba-4.4.4-9.el7.x86_64
samba-client-libs-4.4.4-9.el7.x86_64
```

8.1.3　安装软件包

可以使用 rpm 命令安装软件包。

命令格式如下：

```
rpm -i [ 选项 ] 软件包文件名
```

常用选项如下：

- --test：只对安装进行测试，并不实际安装。
- -h：安装时输出 hash 记号“#”。
- --force：覆盖已安装的软件包。
- --test：模拟安装，软件包并不会实际安装到系统中，只是检查并显示可能存在的冲突。有时待安装的 rpm 软件包可能依赖于其他软件包，也就是说只有安装了依赖软件包之后才能正常安装该软件包。如果用户在安装某个软件包时存在这种未解决的依赖关系，会产生如下信息：

```
[root@fanhui Packages]# rpm -ivh dump-0.4-0.22.b44.el7.x86_64.rpm
error: Failed dependencies:
      rmt is needed by dump-1:0.4-0.22.b44.el7.x86_64
```

该信息说明只有安装了 rmt 软件包后，才能安装 dump 软件包。

【例 8－3】 使用 rpm 工具安装指定的软件包。

```
[root@fanhui Packages]# rpm -ivh rmt-1.5.2-13.el7.x86_64.rpm
```

```
Preparing...                          ################################### [100%]
Updating / installing...
   1:rmt-2:1.5.2-13.el7               ################################### [100%]
[root@fanhui Packages]# rpm -ivh dump-0.4-0.22.b44.el7.x86_64.rpm
Preparing...                          ################################### [100%]
Updating / installing...
   1:dump-1:0.4-0.22.b44.el7          ################################### [100%]
```

（1）显示软件包安装的详细信息。

```
[root@fanhui Packages]# rpm -ivh vte3-0.36.5-1.el7.x86_64.rpm
Preparing...                          ################################### [100%]
Updating / installing...
   1:vte3-0.36.5-1.el7                ################################### [100%]
```

（2）测试安装。

```
[root@fanhui Packages]# rpm -i --test ruby-irb-2.0.0.648-29.el7.noarch.rpm
     package ruby-irb-2.0.0.648-29.el7.noarch is already installed
```

8.1.4 升级软件包

升级软件包功能用于对旧软件包进行更新，使用带“-U”参数的 rpm 命令来完成。

【例 8－4】 更新系统中的 vsftpd 软件包。

```
[root@fanhui Packages]# rpm -Uvh vsftpd-3.0.2-21.el7.x86_64.rpm
```

若用户需要使用旧版本的软件包来替换新版本的软件包，可以将软件包降级，加入“--oldpackage”选项即可。

8.1.5 卸载软件包

如果某个软件包在安装后便不再需要，或者为了节省磁盘空间，可以将该软件包卸载。命令格式如下：

```
rpm -e 软件包名
```

注意：这时使用的是软件包名，而不是软件包的文件名。

【例 8－5】 卸载 vsftpd 软件包。

```
[root@fanhui Packages]# rpm -e vsftpd
```

如果其他软件包依赖于用户要卸载的软件包，卸载时就会产生错误信息。

如果要忽略这个错误，并继续卸载，可以使用 -nodeps 命令进行强制卸载。通常不提倡强制卸载，因为强制卸载后依赖于该软件包的程序可能无法正常运行。

任务 8.2 使用 yum 工具

yum（Yellow dog Updater，Modified）是一个在 Fedora、RedHat 和 CentOS 中的 shell

前端软件包管理器，yum 可以从指定的服务器自动下载 rpm 包并且安装，可以自动处理依赖性关系，并且一次性安装所有依赖的软件包，无须烦琐地进行一次次的下载和安装。

015 yum 的使用

8.2.1 添加 yum 源

yum 工具依赖于一个源，源中包含了许多软件包和软件包的相关索引数据，通常位于网络上的服务器中。当使用 yum 工具安装软件包时，yum 将通过索引数据搜索软件包的依赖关系，然后从源中下载软件包进行安装。yum 源分为网络 yum 源（以 http、ftp 等开头）和本地 yum 源（以 file:// 开头）。CentOS 7 安装完成后会自动配置好网络 yum 安装源，如果不使用网络安装源，可以配置本地 yum 源。

【例 8-6】 配置本地 DVD 的 yum 源。

（1）挂载 DVD 光盘。

```
[root@fanhui ~]#mount -t iso9660 /dev/cdrom /mnt
```

（2）在目录 /etc/yum.repos.d/ 中创建文件“xxxxx.repo”。

（3）配置本地 yum 源。

```
[root@fanhui ~]# cd /etc/yum.repos.d              # 进入 yum 配置目录
[root@fanhui yum.repos.d]# touch DVD.repo  # 建立 yum 配置文件，扩展名为 .repo
[root@fanhui yum.repos.d]# vim DVD.repo      # 编辑配置文件，添加以下内容
[CentOS-DVD]                                                 # 源标识
name=DVD local                                              # 源名称
baseurl=file:///mnt                                          # 配置为指向安装位置，本例为本地光盘挂载目录
enabled=1                                                      # 启用 yum 源，0 不启用，1 启用
gpgcheck=0                                                    # 检查 GPG-KEY（加密算法），0 为不检查，1 为检查
```

（4）清除 yum 数据库。

```
[root@fanhui yum.repos.d]# yum clear all
```

（5）更新本地数据库缓存。

```
[root@fanhui yum.repos.d]# yum makecache
```

（6）查看所有的 yum 源仓库状态。

```
[root@fanhui yum.repos.d]# yum repolist all
```

8.2.2 安装软件包

命令格式如下：

```
yum [-y] install 软件包名
```

其中“-y”表示不需要用户确认，全部是 yes。

此时 yum 会查询数据库，是否有指定的软件包。如果有，则检查其依赖、冲突关系，给出提示信息，询问用户是否同时安装依赖或删除冲突的包。选择“-y”选项时不需要用户确认。

8.2.3　查询软件包

查询软件包的常用命令如下：

- 查找软件：yum search 软件名。
- 列出所有可安装的软件包：yum list。
- 列出所有可更新的软件包：yum list updates。
- 列出所有已安装的软件包：yum list installed。
- 列出所指定的软件包：yum list 软件包名。
- 获取软件包信息：yum info 软件包名。
- 列出所有已安装的软件包信息：yum info installed。
- 列出软件包提供哪些文件：yum provides 软件包名。

8.2.4　升级软件包

命令格式如下：

```
yum update [ 软件包名 ]
```

如果忽略软件包名，则升级整个系统，包括内核。如果指定软件包名，则只升级指定的软件包。

8.2.5　卸载软件包

使用 yum 命令只能卸载 rpm 格式的文件。
命令格式如下：

```
yum remove 软件包名
```

项目实训

一、实训主题

某程序员需要在 Linux 系统下开发 C/C++ 程序，计划安装 GCC 工具包，请问如何实现？

二、实训分析

1. 操作思路

Linux 系统下安装软件，需要有对应的二进制软件包，或是从源代码安装软件，后者比较麻烦。因此，我们采用软件包方式安装，但是通过 rpm 工具安装 GCC 时，由于其依赖软件包较多，需要解决依赖关系，不太方便。所以我们使用 yum 工具，实现自动下载软件包，自动解决依赖关系。

2. 所需知识

（1）yun 源的配置。

（2）yum 工具的使用。

三、实训步骤

【步骤 1】确保 Internet 能够连通。

```
[root@fanhui yum.repos.d]# ping -c 2 www.163.com
```

如果不能连通 Internet，可检查 IP 地址配置、默认网关、DNS 服务器地址等信息。

【步骤 2】修改 yum 配置文件。

```
[root@fanhui yum.repos.d]# cd /etc/yum.repos.d/
[root@fanhui yum.repos.d]#vi CentOS-Sources.repo        # 使用网上安装源
请将 enabled=0 修改为 enabled=1
```

【步骤 3】安装软件包。

```
[root@fanhui yum.repos.d]# yum install gcc
#----- 篇幅所限，不列出输出内容 -----
```

技能检测

一、选择题

1. 使用哪个命令可以了解 test.rpm 软件包将在系统里安装的文件类别？（　　）

   A. rpm -Vp test.rpm　　B. rpm -ql test.rpm

   C. rpm -i test.rpm　　D. rpm -Va test.rpm

2. 如果要找出 /etc/fstab 文件属于哪个软件包，可以执行的命令是（　　）。

   A. rpm -q/etc/fstab　　B. rpm -requires/etc/fstab

   C. rpm -qf/etc/fstab　　D. rpm -q | grep/etc/inittab

二、简答题

1. 使用 yum 前需要配置安装源，请问如何配置本地安装光盘源？
2. 比较 rpm 和 yum 两种软件包管理工具。

项目 9

网络管理

项目导读

安全领域的两个重要概念是防火墙和 SELinux，它们提供了对网络服务的安全防护。网络设置涉及 IP 地址、DNS、主机名、路由配置等知识。本项目将对 firewall-cmd 防火墙、SELinux、网络配置文件以及网络配置常用的 shell 命令等内容进行详细讲解。

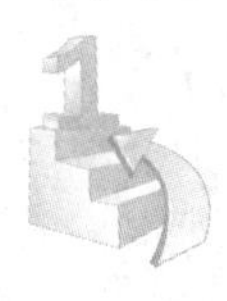

学习目标

- 掌握 firewall-cmd 工具的使用方法。
- 掌握 SELinux 基本配置方法。
- 能够正确设置相关网络配置文件的内容。
- 掌握常用网络管理工具的使用方法。

课程思政目标

网络安全对于国家、社会和个人至关重要，要牢固树立网络安全意识，勇担维护网络安全的时代使命。

任务 9.1　配置防火墙

CentOS 7 以上版本提供了两种防火墙服务，传统的 iptables 和新增的防火墙守护进程 firewalld。其中，iptables 基于“过滤规则链”概念来阻止或转发流量，而 firewalld 则基于区域。默认启动 firewalld 守护进程，iptables 需要手动启动。

9.1.1　常见端口

Linux 主要用 TCP/IP 协议簇实现网络之间的通信。默认情况下，根据 /etc/services

文件中的定义，不同的协议使用不同的端口。其中，TCP 和 UDP 端口是分开的，一些公共服务的端口号见表 9－1。

表 9－1 常用的 TCP/IP 端口

端口	服务	端口	服务
20，21	FTP	53	DNS
22	ssh	80	http
23	telnet	110	POP3
25	SMTP	443	https

【例 9－1】 有一个用户程序 myapp，启动后自动监听 TCP 端口号 16000。如何配置服务？

```
#services 文件格式：服务名    端口号 /[tcp|udp]    # 注释信息
# 在 services 文件末尾添加一行记录
[root@fanhui ~]# echo "myapp    16000/tcp          # private process">>/etc/services
```

9.1.2 firewalld

firewalld 提供了一个控制台配置工具和一个 GUI 配置工具，虽然两个应用程序的外观和使用方法不同，但是都可以用来配置对受信服务的访问。启动 firewalld 配置工具之前，要确保 firewalld 正在运行。

firewalld 提供基于区域的控制，网络和接口被分组为区域 zone，每个 zone 配置为不同的信任级别。区域由一组源网络地址和接口组成，还包含一些规则，用于处理与这些源地址和网络接口匹配的数据包。区域由服务、端口、协议、IP 伪装、ICMP 过滤以及规则组成。表 9－2 列出了 firewalld 中定义的区域，以及它们对于出站和入站连接的默认行为。服务是端口和协议的组合，服务所使用的 TCP/UDP 端口配置文件存放在 /usr/lib/firewalld/services 目录下。当默认提供的服务不够用或者需要自定义某项服务的端口时，需要将服务的配置文件（.xml）放在 /etc/firewalld/services 目录下。

表 9－2 firewalld 中定义的区域

区域	出站连接	入站连接
丢弃（drop）	允许	丢弃
限制（block）	允许	拒绝
公共（public）	允许	允许 DHCP v6 客户端和 SSH
外部（external）	允许，并伪装成出站网络接口的 IP 地址	允许 SSH
信任（trusted）	允许	允许
非军事区（dmz）	允许	允许 SSH
工作（work）	允许	允许 DHCP v6 客户端、IPP 和 SSH
家庭（home）	允许	允许 DHCP v6 客户端、DNS、IPP、Samba 客户端和 SSH
内部（internal）	允许	与家庭区域相同

9.1.3 图形化 firewall-config 工具

用户可以在 GNOME 图形界面下使用图形化的 firewalld 配置工具，选择【应用程序】→【杂项】→【防火墙】来进行配置，如图 9－1 所示。

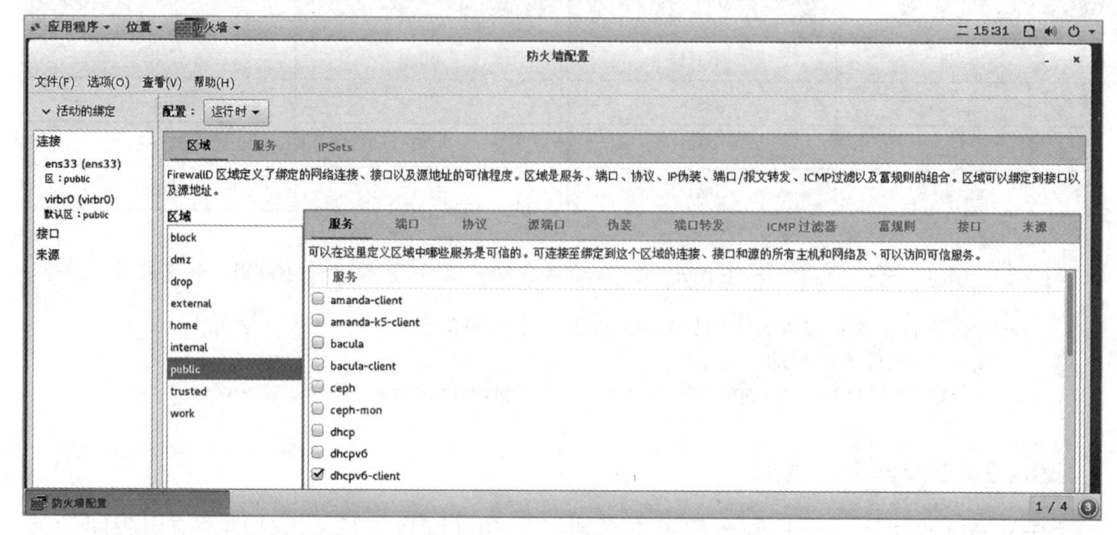

图 9－1 图形化的 firewall-config 工具

在左上部区域中，有一个【配置】下拉菜单，可以将防火墙设置为“运行时”模式（runtime）或者“永久”模式（permanent）。在“永久”模式下，只能修改区域和服务的定义。如果设置为“运行时”模式，则 firewalld-config 应用的修改立即生效，但会在服务器重启后丢失。选择“永久”模式后，所做的修改在服务器重启后仍然有效。任何时候都可以选择【选项】→【重载防火墙】以使新的 firewalld 配置立即生效。

当防火墙收到入站数据包时，会检查其源地址是否匹配现有区域中的网络地址。如果找不到匹配，则检查数据包的入站接口，看其是否属于一个区域。如果找到，则根据其匹配的区域规则来处理该数据包。

为便于允许或拒绝通过防火墙的入站流量，可以选择一个区域，然后在该区域的【服务】选项卡中，为想要允许或者拒绝的服务添加或者移除复选标记。另外，也可以在【端口】选项卡中指定协议和端口。

9.1.4 控制台 firewall-cmd 配置工具

和 GUI 工具一样，firewall-cmd 可以显示所有的可用区域，以及切换到不同的默认区域。

如果不指定区域，则默认区域为公共 public。

【例 9－2】 将 firewalld 的默认区域改为内部区域。

```
[root@fanhui ~]# firewall-cmd --get-default-zone
public
[root@fanhui ~]# firewall-cmd --set-default-zone=internal
success
```

```
[root@fanhui ~]# firewall-cmd --get-default-zone
internal
```

【例 9-3】 对于进入 dmz 区域的流量启用 http 服务，要求重启后仍然有效。

```
[root@fanhui ~]# firewall-cmd --zone=dmz --add-service=http --permanent
success
```

【例 9-4】 允许访问服务 http，端口号 8080，协议是 tcp。

```
[root@fanhui ~]# firewall-cmd --service=http --add-port=8080/tcp --permanent
success
```

【例 9-5】 针对网段 200.200.200.0/24 开放端口 9200 访问。

```
[root@fanhui ~]# firewall-cmd --permanent --add-rich-rule="rule family="ipv4" source address=
"200.200.200.0/24" port protocol="tcp" port="9200" accept"
success
```

【例 9-6】 拒绝来自 IP 地址 200.200.200.200 的 80 号端口的访问。

```
[root@fanhui ~]# firewall-cmd --permanent --add-rich-rule="rule family=ipv4 source address=
200.200.200.200 port protocol=tcp port=80 reject"
success
```

以上操作完成后，一定要重新加载 firewalld 服务，以便让配置立刻生效。

```
[root@fanhui ~]# firewall-cmd --reload
success
```

【例 9-7】 在区域 public 中添加 TCP 的 80 号端口，并显示 internal 区域所有配置。

```
[root@fanhui services]# firewall-cmd --zone=public --add-port=80/tcp --permanent
Success
[root@fanhui services]# firewall-cmd --zone=internal --list-all
internal (active)
  target: default
  icmp-block-inversion: no
  interfaces: ens33
  sources:
  services: dhcpv6-client mdns samba-client ssh
  ports:
  protocols:
  masquerade: no
  forward-ports:
  sourceports:
  icmp-blocks:
  rich rules:
    rule family="ipv4" source address="200.200.200.200" port port="80" protocol="tcp" reject
    rule family="ipv4" source address="200.200.200.0/24" port port="9200" protocol="tcp" accept
```

任务 9.2 配置网络

Linux 系统在服务器中占有较大的份额，因此，要顺畅使用计算机，有必要了解 Linux 系统相关的网络的配置方法。

016 网络配置

9.2.1 网络配置文件

Linux 网络配置相关的文件根据不同的发行版本，其目录名称有所不同，但大同小异，主要包括以下目录或文件：

（1）/etc/hostname：主要用于修改主机名称。

（2）/etc/sysconfig/network-scripts/ifcfg-*.cfg：设置网卡参数，如 IP 地址、子网掩码、广播地址、网关等。其中，* 为网卡名称。

（3）/etc/hosts：设置 IP 地址和主机名称或者域名之间的对应关系。

（4）/etc/resolv.conf：设置 DNS 的相关信息，用于将域名解析成 IP 地址。

9.2.2 配置 IP 地址

要设置主机的 IP 地址，可以通过 shell 命令设置。如果想在系统重启后使设置依然生效，可以设置对应的网络接口文件。

不同主机的网卡设备名可能不同（下面以 ens33 为例），需要根据实际情况确定（使用 ifconfig 命令可以查看网卡设备名）。网卡设备文件采用“参数 = 值”的形式进行定义，参数的含义见表 9 - 3。

表 9 - 3 网卡设置参数说明

参数	含义
TYPE	网络连接类型
BOOTPROTO	IP 地址分配方法，取值 dhcp 为动态分配，取值 static 为手动分配
ONBOOT	系统启动时是否启用此网络接口
DEFROUTE	值为 yes 时，NetworkManager 将该接口设置为默认路由
PEERDNS	如果使用 DHCP 服务器传来的 DNS 服务器地址，则为 yes；当设置为 no 时，不使用 DHCP 服务器传来的 DNS 服务器地址
IPV4_FAILURE_FATAL	值为 yes 时，若连接出现致命失败，系统会尽可能地使连接保持可用
IPV6INIT	值为 yes 时，启用 IPv6
IPV6_AUTOCONF	自动配置连接
IPV6_DEFROUTE	值为 yes 时，NetworkManager 将该接口设置为默认路由
IPV6_FAILURE_FATAL	值为 yes 时，若连接出现致命失败，系统会尽可能地使连接保持可用
NAME	连接名
UUID	设置的唯一 ID，此值与网卡对应
DEVICE	设备名
GATEWAY	默认网关

续表

参数	含义
DNS1	域名服务器 IP 地址，当有 2 个域名服务器时，可以使用 DNS2
IPV6_PEERDNS	设置是否需要忽略由 DHCP 服务自动分配的 DNS 地址
IPADDR	IP 地址
IPV6_PEERROUTES	忽略自动路由
NETMASK、PREFIX	子网掩码

设置完 ifcfg-ens33 文件后，需要重启网络服务才能生效，重启后可使用 ifconfig 查看设置是否生效。

```
[root@localhost network-scripts]# systemctl restart network
[root@localhost network-scripts]# ifconfig ens33
```

同一个网络接口可以设置多个 IP 地址，可以使用子接口，如 ens33:0、ens33:1 等。

9.2.3 设置主机名

主机名用于识别某个计算机在网络中的标识，可以使用 hostname 命令设置主机名。在单机情况下，主机名可以任意设置。在局域网中必须保证主机名是唯一的，不能重复。

【例 9－8】 修改主机名为 fanhui。

```
[root@localhost ~]# hostname fanhui
[root@localhost ~]# hostname
fanhui
```

若要重启后依然生效，可以修改 /etc/hostname 文件，添加主机名称并重新启动系统（init 6）。

```
[root@fanhui ~]# cat /etc/hostname
fanhui
```

修改完主机名后，还应该修改相应的 hosts 文件，以便能够顺利解析该主机名。/etc/hosts 文件用于存放主机名 / 域名和 IP 地址的映射关系。如果要在局域网中通过主机名相互访问计算机，则需要将主机名和对应的 IP 地址添加到该文件中。

【例 9－9】 添加主机名解析。

```
[root@fanhui ~]# cat /etc/hosts
127.0.0.1   localhost localhost.localdomain localhost4 localhost4.localdomain4
::1         localhost localhost.localdomain localhost6 localhost6.localdomain6
# 添加以下主机名解析
127.0.0.1       fanhui
192.168.1.110 fanhui.xijing.edu.cn
192.168.1.1     ap001
# 进行域名解析测试
[root@fanhui ~]# systemctl restart network
[root@fanhui ~]# ping -c 1 fanhui
```

```
PING fanhui (127.0.0.1) 56(84) bytes of data.
64 bytes from localhost (127.0.0.1): icmp_seq=1 ttl=64 time=0.092 ms
--- fanhui ping statistics ---
1 packets transmitted, 1 received, 0% packet loss, time 0ms
rtt min/avg/max/mdev = 0.092/0.092/0.092/0.000 ms
```

9.2.4　设置默认网关

设置完 IP 地址以后，如果要访问其他的子网或 Internet，用户还需要设置默认网关。在 Linux 系统中，设置默认网关有以下 3 种方法（假设默认网关为 192.168.1.1）：

（1）使用 route 命令。

```
[root@fanhui ~]# route add default gw 192.168.1.1
```

（2）在 /etc/sysconfig/network 文件中添加如下字段：

```
GATEWAY=192.168.1.1
```

（3）在网卡接口文件 /etc/sysconfig/network-scripts/ifcfg-* 中添加如下字段：

```
GATEWAY=192.168.1.1
```

对于第 1 种方法，如果不想每次开机都执行 route 命令，则应把执行命令写入 /etc/rc.local 文件；使用第 2、3 种方法修改完文件后，需要重启网络服务来使设置生效，可以执行以下命令：

```
[root@fanhui ~]# systemctl restart network          # 重启 network 服务
[root@fanhui ~]# systemctl reboot                   # 重启主机
```

第 1 种方法重启计算机后失效，第 2、3 种方法重启计算机后仍然生效。

9.2.5　设置 DNS 服务器

要设置 DNS 服务器，通常有以下两种方法：

（1）在网卡设备文件 /etc/sysconfig/network-scripts/ifcfg-ens33 中添加如下字段：

```
DNS1=218.30.19.40
DNS2=61.134.1.4
```

（2）修改 /etc/resolv.conf 设置。

当网卡接口文件中的 PEERDNS 参数设置为 yes 时，resolv.conf 文件中的设置不起作用。

【例 9－10】 配置 DNS 解析，主 DNS 服务器 IP 为 218.30.19.40，辅助 DNS 服务器 IP 为 61.134.1.4。

```
[root@fanhui ~]# cat /etc/resolv.conf
search xijing.edu.cn
nameserver 218.30.19.40
nameserver 61.134.1.4
options rotate
options timeout:1 attempts:2
```

其中，search 指明域名查找顺序，当要查找没有域名的主机时，将在 search 声明的域中分别查找。例如，search xijing.edu.cn 表示当提供了一个不包括完全域名的主机名时，在该主机名后添加 xijing.edu.cn 作为后缀。

第 1 个地址 218.30.19.40 表示主 DNS 服务器的 IP 地址，61.134.1.4 为备用 DNS 服务器的 IP 地址，options rotate 选项表示在两个 DNS 服务器之间轮询，options timeout:1 表示解析超时时间为 1 秒（默认为 5 秒），options attempts 表示解析域名尝试次数。

任务 9.3 使用网络管理命令

9.3.1 网络连通性测试 ping

ping 命令常用来测试目标主机或域名是否可达。通过发送 ICMP 数据包到网络主机，显示响应情况，并根据输出信息来确定目标主机或域名是否可达。ping 的结果通常是可信的，但是有些服务器设置禁止 ping，从而使 ping 的结果并不完全可信。

常用选项如下：

- -q：不显示任何传送封包的信息，只显示最后的结果。
- -R：记录路由情况。
- -v：详细显示命令的执行过程。
- -c 次数：发送指定数目的包后停止。
- -i 秒数：设定间隔几秒发送一个网络封包给目标主机，默认值是 1 秒发送 1 次。
- -I 网卡编号：使用指定的网络接口发送数据包。
- -s：指定发送数据包的字节数。
- -t：设置 TTL 的大小。

Linux 系统下的 ping 命令不会自动终止，需要按【Ctrl+C】组合键终止或者用参数 -c 指定要求完成的回应次数。

【例 9－11】 测试到主机 192.168.1.1 的连通性。

```
[root@fanhui ~]# ping -c 2 192.168.1.1
PING 192.168.1.1 (192.168.1.1) 56(84) bytes of data.
64 bytes from 192.168.1.1: icmp_seq=1 ttl=64 time=3.32 ms
64 bytes from 192.168.1.1: icmp_seq=2 ttl=64 time=1.63 ms

--- 192.168.1.1 ping statistics ---
2 packets transmitted, 2 received, 0% packet loss, time 1004ms
rtt min/avg/max/mdev = 1.634/2.481/3.329/0.848 ms
[root@fanhui ~]# ping -c 2 www.qq.com
PING www.qq.com (113.142.21.81) 56(84) bytes of data.
64 bytes from 113.142.21.81 (113.142.21.81): icmp_seq=1 ttl=57 time=5.62 ms
64 bytes from 113.142.21.81 (113.142.21.81): icmp_seq=2 ttl=57 time=4.48 ms

--- www.qq.com ping statistics ---
2 packets transmitted, 2 received, 0% packet loss, time 1003ms
rtt min/avg/max/mdev = 4.484/5.055/5.626/0.571 ms
```

9.3.2 配置网络接口 ifconfig

ifconfig 命令用于查看、配置、启用或者禁用指定的网络接口。

1. 设置 IP 地址

命令格式如下：

```
ifconfig 网络接口 IP 地址 netmask 子网掩码 [up | down]
```

常用选项如下：

- up：启用接口。
- down：禁用接口。

【例 9－12】 配置网络接口 ens33 的 IP 地址为 200.200.200.200。

```
[root@fanhui ~]# ifconfig ens33 200.200.200.200 netmask 255.255.255.0
```

同一块网卡可以分配多个 IP 地址。

【例 9－13】 给网络接口 ens33 配置多个 IP 地址。

```
[root@fanhui ~]# ifconfig ens33:3 100.100.100.100 netmask 255.0.0.0
```

表示给 ens33 子接口 3 分配 IP 地址 100.100.100.100/8，默认子接口是 0。

2. 查看 IP 地址

命令格式如下：

```
ifconfig [ 网络接口名]
```

不指定网络接口名时，显示系统所有接口 IP 分配情况。其中，lo 表示本地环回接口，IP 地址为 127.0.0.1，表示本机。Virbr0 是一个虚拟桥接网络接口，主要用于虚机主机。

【例 9－14】 查看网络接口 ens33 的参数。

```
[root@fanhui ~]# ifconfig ens33
ens33: flags=4163<UP,BROADCAST,RUNNING,MULTICAST>  mtu 1500
        inet 200.200.200.200  netmask 255.255.255.0  broadcast 200.200.200.255
        inet6 fe80::e06b:f736:cbe4:4835  prefixlen 64  scopeid 0x20<link>
        ether 00:0c:29:66:62:33  txqueuelen 1000  (Ethernet)
        RX packets 1820  bytes 401175 (391.7 KiB)
        RX errors 0  dropped 0  overruns 0  frame 0
        TX packets 353  bytes 44891 (43.8 KiB)
        TX errors 0  dropped 0 overruns 0  carrier 0  collisions 0
```

其中，第 1 行表示连接状态：UP 表示接口为启用状态，RUNNING 表示设备已连接，MULTICAST 表示支持组播，BROADCAST 表示支持广播，mtu 表示数据包的最大传输单元的大小。

9.3.3 配置路由表 route

route 命令用于查看或者编辑计算机的 IP 路由表。

命令格式如下：

```
route [command  [destination] [mask netmask] [gateway] [metric] ]
```

常用选项如下：

- command：指定要进行的操作，如 add、delete、change、print。
- destination：指定该路由的目标网络。
- mask netmask：指定与目标网络相关的子网掩码。
- gateway：网关。
- metric：指定一个整数成本指标，帮助多个路由进行选择。

【例 9－15】 配置默认网关为 192.168.1.1。

```
[root@fanhui ~]# route add default gw 192.168.1.1    # 设置默认网关
```

【例 9－16】 添加一条路由：发往 192.168.60.0/24 网段的数据包经过网关 192.168.10.1。

```
[root@fanhui ~]# route add -net 192.168.60.0 /24 gw 192.168.10.1
```

【例 9－17】 添加一条路由：发往主机 192.168.70.10 的数据包经过网卡 ens33。

```
[root@fanhui ~]# route add -host 192.168.70.10 dev ens33
```

【例 9－18】 删除路由 192.168.70.0/24。

```
[root@fanhui ~]# route delete -net 192.168.70.0 netmask 255.255.255.0
```

9.3.4 显示网络状态 netstat

netstat 命令用于监控系统网络配置和工作状况，可以显示内核路由表、活动的网络状态以及每个网络接口的统计数字。常用选项如下：

- -a：显示所有连接的套接字。
- -c：持续列出网络状态。
- -p：显示使用套接字的进程名称。
- -n：直接使用数字，而不是服务名。
- -l：显示监听中的服务器套接字。
- -r：显示路由表。
- -t：显示 TCP 端口情况。
- -u：显示 UDP 端口情况。

【例 9－19】 以数字形式显示所有的 TCP 连接套接字。

```
[root@fanhui ~]# netstat -ant | head -6
Active Internet connections (servers and established)
Proto   Recv-Q   Send-Q   Local Address          Foreign Address   State
tcp     0        0        0.0.0.0:111            0.0.0.0:*         LISTEN
tcp     0        0        0.0.0.0:6001           0.0.0.0:*         LISTEN
tcp     0        0        192.168.122.1:53       0.0.0.0:*         LISTEN
tcp     0        0        0.0.0.0:220.0.0.0:*    LISTEN
```

【例 9－20】 显示所有 TCP 端口以及对应的进程名称。

```
[root@fanhui ~]# netstat -antp | head -6
Active Internet connections (servers and established)
Proto  Recv-Q  Send-Q   Local Address         Foreign Address    State       PID/Program name
tcp    0       0        0.0.0.0:111           0.0.0.0:*          LISTEN      1/systemd
tcp    0       0        0.0.0.0:6001          0.0.0.0:*          LISTEN      1703/X
tcp    0       0        192.168.122.1:53      0.0.0.0:*          LISTEN      1565/dnsmasq
tcp    0       0        0.0.0.0:22            0.0.0.0:*          LISTEN      1383/sshd
```

9.3.5 跟踪路由 traceroute

traceroute 通过发出探测包来跟踪数据包到达目标主机所经过的路由器，然后监听每一个来自网关的 ICMP 的应答。每经过一个路由器，TTL 值减 1，直到 TTL 值为 0。

【例 9－21】 traceroute 命令的使用。

```
[root@fanhui ~]# traceroute -m 6 www.qq.com  # 设置 TTL 为 6，默认为 30
traceroute to www.qq.com (113.142.21.81), 6 hops max, 60 byte packets
 1  gateway (192.168.1.1)              1.267 ms    0.970 ms    1.550 ms
 2  100.64.0.1 (100.64.0.1)            4.171 ms    4.023 ms    3.809 ms
 3  10.224.164.17 (10.224.164.17)      29.125 ms   30.329 ms   32.179 ms
 4  117.36.240.17 (117.36.240.17)      8.944 ms    8.755 ms    *
 5  219.144.96.38 (219.144.96.38)      5.395 ms    5.273 ms    5.106 ms
 6  * * *
```

每行对应 1 跳，每跳表示 1 个网关，每行有 3 个时间，单位为 ms。* 表示 ICMP 信息没有返回。通过 traceroute 命令可以大致定位故障路由器的 IP 地址。

9.3.6 复制文件 scp

scp 用于将本地文件传送到远程主机或者从远程主机拉取文件到本地。

命令格式如下：

```
scp [ 选项 ] [-F ssh_config] [-S program] [-P port] [-l limit] [-o ssh_option] [[user@]host1:]file1 [...] [[user@]host2:]file2
```

常用选项如下：

- -P：指定远程主机连接端口。
- -q：关掉进度参数。
- -r：递归复制整个目录。
- -V：打印排错信息以方便问题定位。

【例 9－22】 将本地文件 test.py 传送至远程主机 200.200.200.100 的 /home 目录下。

```
[root@fanhui ~]# scp test.py root@200.200.200.200:/home
root@200.200.200.100's password:
test.py                                          100%  410    0.4KB/s   00:00
```

9.3.7 下载网络文件 wget

wget 类似 Windows 中的下载工具，大多数 Linux 发行版本都默认包含此工具。

命令格式如下：

```
wget [ 选项 ] URL
```

wget 具有强大的功能，比如断点续传，可同时支持 FTP 和 HTTP 协议下载，并可以设置代理服务器。

【例 9－23】 从 Python 官网下载 Python-3.7.2.tgz 文件，要求支持断点续传，超时时间为 30s。

```
wget -c -T 30 https://www.python.org/ftp/python/3.7.2/ Python-3.7.2.tgz
```

项目实训

一、实训主题

公司总部和分支机构的所有 Linux 服务器都没有配置 TCP/IP 网络参数，请设置各项参数，并连通网络。以 FTP 服务器为例，FTP 服务器处于 192.168.0.0/24 网段，为了使该服务器联网，需要进行网络配置。FTP 服务器名为 ftp.xijing.edu.cn，IP 地址为 192.168.0.3，子网掩码 24 位，网关 192.168.0.254，DNS 服务器的 IP 地址为 192.168.0.2。

二、实训分析

1. 操作思路

使用 ip 命令来配置网络接口的 IP 地址，修改 resolv.conf 文件来配置 DNS 服务器的 IP 地址，修改 ifcfg-ens33 和 hostname 文件的相关内容以保证所有修改永久生效。

2. 所需知识

（1）IP 地址配置。

（2）DNS 服务器地址配置。

（3）主机名配置。

三、实训步骤

服务器的配置分为两部分：配置网络和管理网络。

1. 配置网络

通过命令和网络配置文件来完成对网络的配置。Linux 系统提供了一个功能比 ifconfig 更为强大的命令 ip，ip 命令格式和 ifconfig 基本相似。

下面我们使用 ip 命令来完成网络配置。

【步骤 1】设置 FTP 服务器的 IP 地址为：192.168.0.3/24。

```
[root@fanhui ~]# ip address add 192.168.0.3/24 dev ens33
```

【步骤 2】显示网卡设备的 IP 地址。

```
[root@fanhui ~]# ip address show dev ens33
```

【步骤 3】设置默认网关。

```
[root@fanhui ~]# ip route add default via 192.168.0.254
```

【步骤 4】设置 FTP 服务器的主机名。

```
[root@fanhui ~]# hostnamectl set-hostname ftp.xijing.edu.cn
```

【步骤 5】为了让修改永久生效，需要修改网卡接口配置文件 /etc/sysconfig/network-scripts/ 目录下的名称为 ifcfg-ens33 的文件，在此文件中增加 IP 地址、子网掩码和默认网关。

```
[root@fanhui ~]# cat /etc/sysconfig/network-scripts/ifcfg-ens33
TYPE=Ethernet
BOOTPROTO=static
DEFROUTE=yes
PEERDNS=no
PEERROUTES=yes
IPV4_FAILURE_FATAL=no
NAME=ens33
UUID=8846447e-a19c-430d-87a5-89161b62ad3a
DEVICE=ens33
ONBOOT=yes
IPADDR=192.168.0.3
PREFIX=24
GATEWAY=192.168.0.254
```

【步骤 6】修改 /etc/resolv.conf 文件的内容来配置 DNS 服务器的 IP 地址。

```
[root@fanhui ~]# echo "nameserver 192.168.0.2 ">/etc/resolv.conf
```

2. 管理网络

【步骤 1】使用 ping 命令测试到默认网关的连通性，确保能够到默认网关。

```
[root@fanhui ~]# ping 192.168.0.254
```

【步骤 2】使用域名测试到 Internet 服务器的连通性，确保能够正确解析域名，能够连通因特网上的服务器。

```
[root@fanhui ~]# ping www.sina.com.cn
```

如果出现不能连通因特网上的主机的情况，首先确认 DNS 服务器是否可达，然后通过 traceroute 命令跟踪数据包，找到故障路由器，最后联系因特网服务提供商（ISP）协助解决问题。

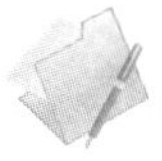

技能检测

一、填空题

1. IP 地址配置包括________和________。

2. ________定义网络上两台主机间如何通信的一种机制。

3. ________命令通过发送 Internet 控制消息协议 ICMP 响应请求消息来验证与另一个 TCP/IP 计算机的连通性。

4. ________命令主要用于查看自身的网络状况，如开启的端口、服务状态等。

二、实操题

局域网中有 3 台服务器，相关信息如下：

第 1 台服务器主机名为 master，IP 地址为 192.168.10.10/26。

第 2 台服务器主机名为 slaver1，IP 地址为 192.168.10.20/26。

第 3 台服务器主机名为 slaver2，IP 地址为 192.168.10.30/26。

默认网关为 192.168.10.1，主 DNS 服务器 IP 地址为 218.30.19.40，备用 DNS 服务器 IP 地址为 61.134.1.4。

假设 3 台服务器的网卡名都是 ens33，请根据以上要求写出具体配置命令，修改涉及的配置文件。

项目 10

Samba 服务配置与管理

项目导读

实际工作中，我们经常需要进行文件夹和打印机共享，Linux 发行版本提供了 Samba 软件用于实现 Windows 和 Linux 操作系统之间的资源共享。本项目将详细介绍 Samba 服务器和客户端的配置过程。

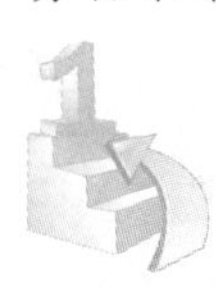

学习目标

- 掌握 Samba 服务器的安装方法。
- 掌握 Samba 服务器的基本配置方法。
- 掌握 Samba 客户端的配置方法。
- 能够解决 Samba 配置过程中出现的错误。

课程思政目标

做事情要投入，严谨细致，追求完美。通过不断学习，提升职业技能，提高自我的职业素养，为我国计算机行业发展服务。

任务 10.1　认识 Samba

10.1.1　Samba 发展历程

Samba 是澳大利亚国立大学的 Andrew Tridgwell 于 1991 年开发出来的运行于 Linux 环境下的免费软件。它使用 Microsoft 和 Intel 于 1987 年制定的 SMB（Server Message Block，服务器消息块）通信协议来实现文件和打印机共享，使得用户可以方便地访问 Linux 和 Windows 的文件系统和打印机，其功能类似于 Windows 的网上邻居。

起初，SMB 主要应用于 Microsoft 操作系统，后来 Andrew Tridgwell 将 SMB 通信协议应用到了 Linux 系统上，设计出 Samba 软件。接着 Microsoft 又把 SMB 更名为 CIFS（Common Internet File System），并且加入了许多新的功能。

10.1.2 Samba 工作原理

SMB 是基于客户机 / 服务器（C/S）模式的协议，一台 Samba 服务器既可以充当文件共享服务器，也可以作为一个 Samba 客户端。例如，对于一台已经在 Linux 系统下架构好的 Samba 服务器，Windows 客户端可以通过 SMB 协议共享 Samba 服务器上的共享资源。同时，Samba 服务器也可以访问网络中其他 Windows 系统或者 Linux 系统的共享资源。

Samba 主要包括 smb 和 nmb 两个服务。smb 是 Samba 的核心服务，主要负责建立服务器与客户机之间的对话，验证用户身份并提供对文件系统和打印机共享访问。nmb 负责处理 NetBIOS 名称服务请求和网络浏览功能，实现类似 DNS 的功能。如果 nmb 服务没有启动，就只能通过 IP 地址来访问共享文件。

在 Linux 系统上安装 Samba 服务器后，Windows 客户端可以使用网上邻居浏览和访问 Linux 服务器上的共享目录和打印机，而 Linux 的 Samba 客户端可以挂载远端 Windows 目录到自己的本地目录。

10.1.3 防火墙、SELinux 和 Samba

对于 Samba 服务器，要通过本地防火墙需要运行以下命令：

```
[root@fanhui samba]# firewall-cmd --permanent --add-service=samba
success
[root@fanhui samba]# firewall-cmd --reload
success
```

而对于 Samba 客户端，则需要启用 samba-client 服务。

```
[root@fanhui samba]# firewall-cmd --permanent --add-service=samba-client
success
[root@fanhui samba]# firewall-cmd --reload
success
```

为了防止 Samba 客户端和服务器端访问时出现不能访问的情况，除了需要配置防火墙外，还需要配置 SELinux。SELinux 的配置项目比较多，感兴趣的读者可以查阅 setsebool 命令配置布尔值的资料。这里为了讲解方便，我们关闭了防火墙。

【例 10-1】 关闭 SELinux 服务组件。

```
[root@fanhui ~]# setenforce 0          # 关闭 SELinux
[root@fanhui ~]# getenforce            # 查询当前 SELinux 状态信息
Permissive
```

为了让 SELinux 永久失效，可以编辑 /etc/selinux/config 文件，将其中的 SELINUX 一行修改为 SELINUX=permissive，或者 SELINUX=disabled。

017 Samba 服务器配置

任务 10.2 配置 Samba 服务器

在进行 Samba 服务器安装之前需要了解网上邻居的工作原理。网上邻居是一个典型的客户机 / 服务器（C/S）工作模型。首先，用户双击桌面上的【网络】图标，打开网上邻居列表，系统列出网上可以访问的服务器的名字列表。其次，双击目标服务器图标，列出目标服务器上的共享资源。最后，进行共享资源的访问。

在访问一台具体的共享服务器时，首先进行的是名字解析过程，计算机会尝试解析名字列表中的这个名称，并尝试进行连接。在连接到该服务器后，可以根据服务器的安全设置对共享资源进行允许的操作。

10.2.1 Samba 服务的安装

Samba 服务安装所需要的软件包主要有 4 个，版本号依据系统版本的差异而有所不同。

- samba-4.4.4-9.el7.x86_64.rpm：Samba 服务器端软件。
- samba-client-4.4.4-9.el7.x86_64.rpm：Samba 客户端软件。
- samba-libs-4.4.4-9.el7.x86_64：包含 Samba 软件包所需要的库。
- samba-common-4.4.4-9.el7.noarch.rpm：包含 Samba 服务器和客户端均需要的文件。

安装前请确认 Samba 未安装（rpm -qa | grep samba），建议使用“yum -y install samba”命令进行安装。如果是 Samba 服务器，需要安装服务器端软件和公共文件。如果是 Samba 客户端，需要安装客户端软件和公共文件。

Samba 是 SMB 客户程序 / 服务器的软件包，主要包含以下程序：

- smbd：为客户机提供文件和打印机服务。
- nmbd：NetBIOS 名字解析和浏览服务。
- smbclient：SMB 客户程序。
- smbmount：挂载 SMB 文件系统的工具，对应的卸载工具为 smbumount。
- smbpasswd：增加 / 删除登录服务器端的用户和密码。
- testparm：检查 /etc/samba/smb.conf 主配置文件的正确性。

10.2.2 主配置文件 /etc/samba/smb.conf

在 smb.conf 文件中，应注意以下几点：

（1）以“#”开头的表示注释，通常用来描述功能。

（2）命令项中英文字母不区分大小写，行尾加“\”表示续行。

（3）用“;”开头的行是可以改变的配置，将“;”去掉后该配置生效。

（4）整个文件采用分段结构，每段用“[ ]”来定义。如 [global]、[homes]、[printers] 等。

（5）命令项采用“选项 = 值”的格式设置。如“workgroup=MYGROUP”，大部分选项都较为简单，可以从其字面意思判断参数的含义。

（6）Samba 支持的变量主要用来描述服务器和连接客户端的动态信息，每一个变量以 % 开始，后面跟一个英文字母。如 path=/home/%u，“%u”表示当前的 Linux 用户。

如需了解更多的变量，可查看相关资料。

【例 10-2】 配置 Samba 服务器。允许 Windows 客户端以特定的用户 test1、test2

读写指定的目录 /data/test1、/data/test2，同时允许使用 Linux 服务器的共享打印机。

```
# 创建共享目录
[root@fanhui samba]# mkdir -p /data/test1
[root@fanhui samba]# mkdir -p /data/test2
# 创建本地用户和组
[root@fanhui samba]# groupadd sales
[root@fanhui samba]# useradd -g sales -d /home/test1 -m -s /bin/bash test1
[root@fanhui samba]# useradd -g sales -d /home/test2 -m -s /bin/bash test2
# 添加 Samba 用户并设置口令
[root@fanhui samba]# smbpasswd -a test1
[root@fanhui samba]# smbpasswd -a test2
# 设置系统共享目录权限
[root@fanhui samba]# chown -R test1:sales /data/test1
[root@fanhui samba]# chown -R test2:sales /data/test2
# 修改主配置文件 smb.conf
[root@fanhui samba]# cd /etc/samba
root@fanhui samba]# vim smb.conf
[global]
workgroup = WorkGroup
netbios name = mysamba
server string = Linux Samba Server test
interfaces =  192.168.12.2/24 192.168.13.2/24
hosts allow = 127.  192.168.12.  192.168.13.
security = user
[test1]
        path = /data/test1
        writeable = yes
        browseable = yes
        valid users = @sales
[test2]
        path=/data/test2
        writeable =yes
        browseable = yes
        guest ok = yes
[printers]
        path = /var/spool/samba
        browseable = no
        guest ok = no
        writable = no
        printable = yes
```

下面对 smb.conf 文件中的选项进行说明，详细说明查看 /etc/samba/smb.conf.example 中的内容。

1. [global] 节

[global] 表示全局配置，是必须有的选项。选项说明如下：

- workgroup：指定工作组（域）的名称，也就是在 Windows 中显示的工作组。
- netbios name：在 Windows 中显示出来的计算机名，限制在 15 个字符以内。

- server string：对 Samba 服务器的说明，即出现在浏览器里的注释信息。用户可以自己定义。
- interfaces：设置 Samba 监听的网络接口。
- hosts allow：设置允许访问 Samba 服务器的网络或主机。
- security：定义 Samba 的安全级别，按从低到高分别为 share、user、server 和 domain 共 4 级。share 表示不需要用户名和密码就可以访问服务器上的资源；user 是 Samba 的默认配置，要求用户在访问共享资源之前，必须先提供用户名和密码进行验证；server 和 user 的安全级别类似，但是用户名和密码是递交到另一台服务器上去验证，如果递交失败，就退回 user 安全级别；domain 安全级别要求网络上存在一台 Windows 的主域控制器，Samba 把用户名和密码递交给它去验证。后面 3 种安全级别都要求用户在本机（Linux 服务器）上拥有系统账户，否则是不能访问的。
- passdb backend：指定身份验证数据库。如果这个身份验证数据库是本地的，那么这个数据库是 passdb backend=smbpasswd 或者 passdb backend=tdsam。smbpasswd 数据库存储在本地的 /etc/samba 目录下，使用 smbpasswd 工具创建。tdsam（Trivial Database Security Accounts Manager）选项是推荐的数据库格式，存储在 /var/lib/samba/private/passdb.tdb 文件中。如果身份验证数据库是网络上的，那么 passdb backend=ldapsam，也就是采用基于 LDAP 账户管理方式验证用户，需要设置 passdb backend=ldapsam:ldap://LDAP Server。

2. 共享目录 [test] 节

[test] 表示自定义共享的名称。选项说明如下：

- path：共享目录的位置。
- writeable/writable：共享目录是否可写。
- browseable/browsable：共享目录是否可以浏览。
- guest ok：是否允许匿名用户以 guest 身份登录。
- valid users = @sales：设置哪些用户可以访问，本例表示 sales 组的用户可以访问。

3. 共享打印机 [printers] 节

[printers] 节通常允许计算机上的注册用户访问，即使后台打印目录（/var/spool/samba）不可访问。在加载相关配置文件之前需要设置 pritable=yes。

smb.conf 文件修改完后，使用 testparm 命令验证是否正确。

```
[root@fanhui smb]# testparm
Load smb config files from /etc/samba/smb.conf
rlimit_max: increasing rlimit_max (1024) to minimum Windows limit (16384)
Processing section "[homes]"
Processing section "[printers]"
Processing section "[test1]"
Processing section "[test2]"
Loaded services file OK.
```

10.2.3 修改防火墙和 SELinux 设置

修改防火墙和 SELinux，以便客户访问，具体参见 10.1 节。

10.2.4 启动服务

配置完 smb.conf 文件后，需要重启 smb 和 nmb 服务。

```
[root@fanhui samba]# systemctl restart smb.service
[root@fanhui samba]# systemctl restart nmb.service
```

服务状态要确保是“active（running)”，如果服务启动失败，系统会报错，请按照提示信息进行排除，具体参见 10.4 节。

10.2.5 服务测试

打开 Windows 的资源管理器，输入“\\Samba 服务器地址”，按回车键，弹出 Samba 服务器登录界面，输入用户名和密码，如图 10－1 所示，验证成功后可以看到共享的目录，如图 10－2 所示。进入 test1 目录，创建 mydir 子目录，可以看到对于 test1 用户是可读写的。与之对应的是进入 test2 目录，创建 mydir 子目录，发现没有写入权限，如图 10－3 所示。这就是权限控制功能，另外，还要注意共享目录的权限是系统权限和 Samba 权限的叠加，按照取小原则来决定最终访问权限。

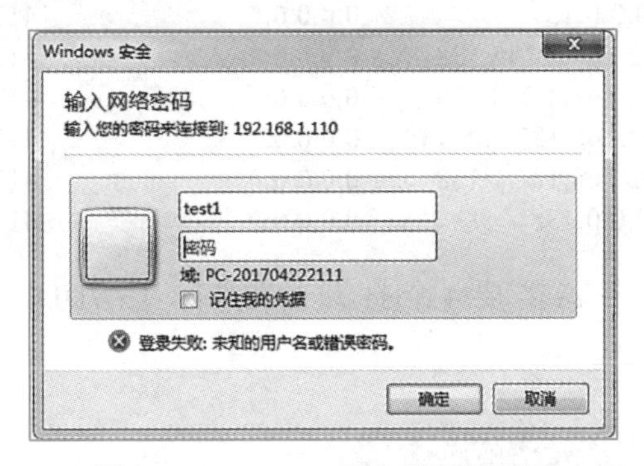

图 10－1 Samba 服务器登录界面

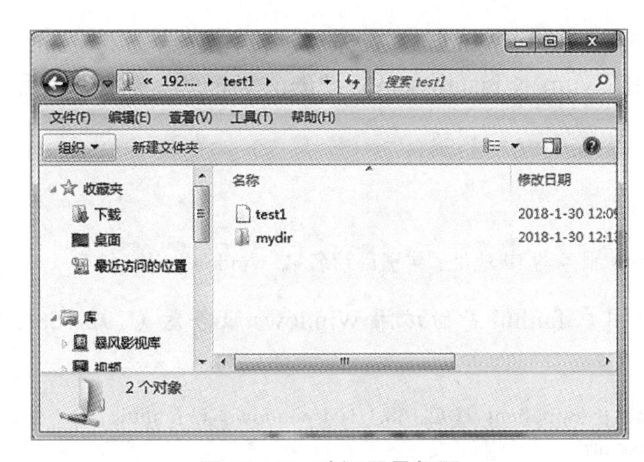

图 10－2 验证目录权限

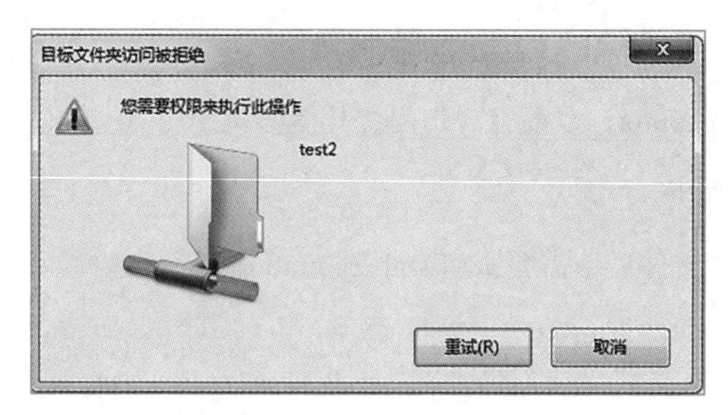

图 10－3　权限不够，无法访问

【例 10－3】 查看 samba 服务进程 smbd 和 nmbd。

```
[root@fanhui ~]# netstat -tunlp|grep -E "smbd|nmbd"
tcp     0    0    0.0.0.0:139           0.0.0.0:*    LISTEN    4151/smbd
tcp     0    0    0.0.0.0:445           0.0.0.0:*    LISTEN    4151/smbd
tcp6    0    0    :::139                :::*         LISTEN    4151/smbd
tcp6    0    0    :::445                :::*         LISTEN    4151/smbd
udp     0    0    192.168.3.255:137     0.0.0.0:*              4173/nmbd
udp     0    0    192.168.3.238:137     0.0.0.0:*              4173/nmbd
udp     0    0    192.168.122.255:137   0.0.0.0:*              4173/nmbd
udp     0    0    192.168.122.1:137     0.0.0.0:*              4173/nmbd
udp     0    0    0.0.0.0:137           0.0.0.0:*              4173/nmbd
udp     0    0    192.168.3.255:138     0.0.0.0:*              4173/nmbd
udp     0    0    192.168.3.238:138     0.0.0.0:*              4173/nmbd
udp     0    0    192.168.122.255:138   0.0.0.0:*              4173/nmbd
udp     0    0    192.168.122.1:138     0.0.0.0:*              4173/nmbd
udp     0    0    0.0.0.0:138           0.0.0.0:*              4173/nmbd
```

可以看出 Samba 服务器需要 4 个打开的端口：137/UDP、138/UDP、139/TCP 和 445/TCP。

任务 10.3　配置 Samba 客户端

如果 Linux 客户端要访问 Windows 服务器，首先需要安装 Samba 客户端软件和公共文件等软件包，使用“yum -y install samba-client”命令。安装完成后，执行以下操作。

10.3.1　使用 smbclient 工具

命令格式如下：

```
smbclient  //windows 服务器 IP 地址 / 共享目录名 -U windows 用户名
```

【例 10－4】 以用户 fanhui 身份访问 Windows 服务器（192.168.1.104/24）上的共享目录 windows。

```
[root@fanhui samba]# smbclient //192.168.1.104/windows -U fanhui
Enter fanhui's password:
```

```
    Domain=[PC-201704222111] OS=[Windows 7 Ultimate 7601 Service Pack 1] Server=[Windows 7
Ultimate 6.1]
    # 通过输入？可以查看支持的命令
    smb: \> ls          # 查看共享目录的内容，使用 get 下载文件、put 上传文件
      .                              D        0  Tue Jan 30 12:25:24 2018
      ..                             D        0  Tue Jan 30 12:25:24 2018
      windows 文件 .txt              A       23  Tue Jan 30 12:25:39 2018
    15905496 blocks of size 4096. 11255800 blocks available
    smb: \> quit        # 退出
```

如果不知道服务器上的共享资源，可以使用如下命令：

```
    [root@fanhui samba]# smbclient -L //192.168.1.104 -U fanhui
    Enter fanhui's password:
    Domain=[PC-201704222111] OS=[Windows 7 Ultimate 7601 Service Pack 1] Server=[Windows 7
Ultimate 6.1]
        Sharename       Type      Comment
        IPC$            IPC       远程 IPC
        print$          Disk      打印机驱动程序
        windows         Disk
```

可以看出每次访问共享资源时，都要使用 smbclient 命令，比较烦琐。

10.3.2 使用 mount 命令

mount 命令除了可以用于挂载本地资源外，还可以把远程服务器上的共享资源挂载到本地目录上，用户可以像使用本地文件一样操作远程服务器上的共享资源，非常方便。

```
mount -t cifs -o username= 用户名 , password= 口令 // 远程服务器 IP 地址 / 共享目录 本地目录
```

【例 10－5】 使用 mount 命令实现【例 10-4】要求的功能。

```
    [root@fanhui ~]# mount -t cifs -o username=fanhui, password=a1b2c3  //192.168.1.104/
windows  /mnt/smb
    [root@fanhui ~]# cd /mnt/smb
    [root@fanhui smb]# cat windows 文件 .txt
    this is a windows file!
```

任务 10.4 排查 Samba 故障

在复杂的 Samba 服务中，简单的错误可能很难诊断出来。幸好 Samba 拥有一个非常优秀的故障排查工具。

检查语法问题可以用基本的 testparm 命令，日志文件可以提供更多的出错信息。

需要注意的是：除非本地防火墙配置已经改变，否则 Samba 不允许远程系统访问。

10.4.1 Samba 问题的确定

Samba 运行错误主要集中在 smb.conf 文件中的语法，如参数之间的冲突、拼写错误、取值错误等。另外，还有可能是防火墙和 SELinux 配置问题。

除了 testparm 命令可以帮助用户确定一定的语法问题，其他的命令输出中也会提示较为清晰的错误原因。有时，问题描述会让人感到困惑，例如，挂载一个远程主目录，而在挂载后的目录中没有任何文件。这种情况意味着 SELinux 中的 samba_enable_home_dirs 布尔值还没有启用。又如，挂载了一个远程目录，而不是用户主目录。这种情况意味着那个目录和相关文件不是用户 samba_share_t 文件类型标记的。

10.4.2 查看本地日志文件

Samba 服务器的运行信息存放在系统日志文件 /var/log/messages 中，更丰富的信息存放在 /var/log/samba/ 下的日志文件中。testparm 命令输出中的语法错误也保存在日志文件中。当 Samba 服务器运行后，在配置文件中出现的问题就会被记录在日志文件中。

Samba 日志是一种非常有用的资源，用于搜索和浏览 Samba 日志条目，smb 和 nmb 服务单元中特定的消息可以通过 journalctl 命令输出。

```
[root@fanhui ~]# journalctl -u smb -u nmb
```

项目实训

一、实训主题

某公司现有一台 Linux 服务器（IP 为 200.200.200.1）和若干台 Linux 客户机，需要将服务器的 /home/public 目录共享给本地 example.com 网络，test 用户对共享目录具有读写权限。使用本地 smbpasswd 数据库存放用户口令，并使 Linux 客户机自动挂载服务器上的共享目录。test 用户的登录密码为 pass123。

二、实训分析

1. 操作思路

可以搭建 Samba 服务器，通过配置 smb.conf 文件完成共享目录的配置。客户端的自动挂载访问可以在 /etc/fstab 文件中添加对应的项目来完成。

2. 所需知识

（1）smb.conf 文件配置。

（2）防火墙和 SELinux 设置。

（3）客户端自动挂载 Samba 远程目录。

三、实训步骤

1. Samba 服务器配置

【步骤 1】创建 test 用户。

```
[root@fanhui home]# groupadd test
[root@fanhui home]# useradd -m -d /home/test -g test -s /bin/bash test
```

【步骤 2】在本地 Samba 数据库中添加 Samba 用户。

```
[root@fanhui home]# smbpasswd -a test
New SMB password:
Retype new SMB password:
Added user test.
```

【步骤 3】配置 /etc/samba/smb.conf 文件。

在 [global] 节中添加 hosts allow=.example.com 命令来限制 [homes] 共享，在 [homes] 共享节中，添加 path=/home/public、valid users=test 和 writable=yes 命令。

修改完成后使用 testparm 命令来检查是否有语法错误。

【步骤 4】修改共享目录的系统权限。

```
[root@fanhui home]# chmod 777 /home/public
```

【步骤 5】配置防火墙和关闭 SELinux。

```
[root@fanhui home]# firewall-cmd --permanent --add-service=samba
success
[root@fanhui home]# firewall-cmd --reload
success
[root@fanhui home]# setenforce 0
```

【步骤 6】重新加载 Samba 服务。

```
[root@fanhui home]# systemctl restart smb nmb
```

要确保 smb 和 nmb 服务正常启动，如果出现问题，可以查看日志信息排除错误。

2. 客户机配置

【步骤 1】使用 vim 编辑 /etc/fstab 文件，添加一行内容。

```
//200.200.200.1/homes /home cifs username=test,password=pass123 0 0
```

【步骤 2】使用 init 6 命令重启客户机，启动后使用 cd/home 命令进入共享目录，就可以执行读写操作了。

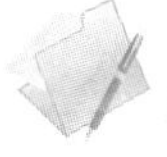

技能检测

一、选择题

1. 下面哪个文件是 Samba 服务器的配置文件？（　　）

   A. /etc/samba/httpd.conf　　B. /etc/inetd

   C. /etc/samba/rc_samba　　D. /etc/samba/smb.conf

2. Samba 服务器的进程由哪几部分组成？（　　）

   A. named 和 sendmail　　B. smbd 和 nmbd

   C. bootp 和 dhcpd　　D. httpd 和 squid

3. Samba 默认的安全级别是（　　）。

A. share　　B. user　　C. server　　D. domain

4. 在 Samba 配置文件中设置 admin 组群允许访问，应如何表示？(　　)

A. valid users=admin　　B. valid users=group admin

C. valid users=@admin　　D. valid users=$admin

5. 手动修改 smb.conf 文件后，使用（　　）命令可以测试其正确性。

A. Smbmount　　B. smbstatus　　C. testparm　　D. smbclient

二、简答题

1. 如何限制允许访问 Samba 服务器的计算机？
2. 如何拒绝特定的计算机访问？
3. 修改完 smb.conf 文件，如何使 Samba 重新读取该配置文件？
4. 要测试与 Samba 服务器的连接，应如何配置防火墙？

项目 11

域名和邮件服务配置与管理

项目导读

本项目介绍了两种网络服务：域名解析服务（DNS）和简单邮件传输协议（SMTP）。对于 DNS 服务器，详细讲解了高速缓存域名服务器的配置；对于 SMTP 服务器，详细介绍了流行的 Postfix 服务器的搭建过程。

学习目标

- 了解 DNS 和 SMTP 的工作原理。
- 掌握高速缓存域名服务器的配置过程。
- 掌握 Postfix 服务器的配置。
- 能够处理 DNS 和 Postfix 服务器运行中出现的常见问题。

课程思政目标

树立网络服务安全意识，认识到信息安全的重要性，认真落实网络安全工作，不断强化安全措施，消除安全隐患。

任务 11.1　配置域名解析服务

11.1.1　DNS 服务

TCP/IP 协议簇的网络层提出了 IP 地址的概念，网络上的主机都有一个 IP 地址，人们为了访问它们，需要记住这些服务器的 IP 地址，因为数字式地址比较难于记忆，所以产生了域名系统。通过域名系统，人们可以使用易于理解和记忆的字符串名称（域名）来标识一台主机，然后通过域名解析服务（DNS）将其解析为对应的 IP 地址，称为正向解析；同理，

018　DNS
服务器配置

由 IP 地址解析出域名的过程称为反向解析。

DNS 是一个分布式数据库，每一个数据库都可以独立管理一个或者多个域，域由多个 DNS 资源记录组成。常见的资源记录见表 11－1。

表 11－1　常见的 DNS 资源记录

DNS 资源记录	含义
A	将域名映射到 IPv4 地址
AAAA	将域名映射到 IPv6 地址
PTR	将 IP 地址映射到域名
CNAME	别名，将域名映射到另一个主机名
NS	返回区域的权威域名服务器
MX	返回区域的邮件服务器
SOA	返回关于 DNS 区域的信息

由于没有任何一个 DNS 服务器可以为整个因特网维护数据库，因此每一个 DNS 服务器都可以将域名解析请求提交给其他 DNS 服务器。

DNS 服务器有 3 种：主 DNS 服务器、辅助 DNS 服务器和高速缓存服务器。主 DNS 服务器提供特定域的权威信息，是可信赖的；辅助 DNS 服务器来源于主 DNS 服务器，可以用来替换主 DNS 服务器；高速缓存服务器将每次域名查询的结果缓存到本机，可以提高相同域名的解析速度。

Linux 系统下的 DNS 服务有 bind 和 unbound，下面重点介绍 bind 高速缓存域名服务器。

11.1.2　bind 名称服务器

CentOS 上的默认 DNS 服务基于 named 守护进程，该守护进程基于 bind 软件包，它包含 rndc 命令，用于管理 DNS 操作。

1. 软件安装

可以使用源码包或者 rpm 包来安装 bind，建议通过 rpm 包来安装，使用如下 shell 命令：

```
[root@fanhui etc]# yum  -y  install  bind  bind-utils
```

2. bind 配置文件

DNS 配置文件可以将 Linux 系统配置成含有主机名和 IP 地址对应关系的数据库，这个数据库是高速缓存的，存在本地数据库中，DNS 请求也可以转发给不同系统。支持 DNS 服务器的配置文档见表 11－2。

表 11－2　DNS 服务器配置文档

配置文档	说明
/etc/sysconfig/named	指定在启动时传递给 named 守护进程的选项
/etc/named.conf	DNS 主配置文件。包含区域文件的位置，可以用 include 命令从其他文件中获取数据，这些文件通常保存在 /etc/named 目录下
/etc/named.rfc1912.zones	为本地主机名和地址添加适当的区域
/var/named/named.empty	区域文件的模板

续表

配置文档	说明
/var/named/named.localhost	本地主机的区域文件
/var/named/named.loopback	环回地址的区域文件

配置 /etc/named.conf 文件前，建议将其备份，要特别注意文件的所有者和 SELinux 上下文。

【例 11－1】 显示 /etc/named.conf 文件的属性。

```
[root@fanhui etc]# ls -Z /etc/named.conf
-rw-r-----. root named system_u:object_r:named_conf_t:s0 /etc/named.conf
```

可以看出该文件的所有者是 root，所属的组是 named。其中，system_u 表示用户上下文，object_r 表示角色上下文，named_conf_t 表示类型上下文，s0 表示机密上下文。上下文就是一个标签，由 SELinux 安全策略来决定是否允许在对象上执行主题的动作。

如果在启动或者重启 DNS 服务器时失败，可检查 named.conf 文件的所有权和 SELinux 上下文，如有必要，可以对该文件执行以下命令：

```
root@fanhui etc]# chgrp named /etc/named.conf                # 设置属组为 named
[root@fanhui etc]# restorecon -F /etc/named.conf             # 恢复缺省的 SELinux 上下文
```

另外，在测试完 DNS 配置后，在高速缓存中会保留一些信息。为了防止这个缓存在 DNS 配置文件改变后仍然有效，在每次配置文件修改后都应该用以下命令刷新 DNS 高速缓存：

```
[root@fanhui etc]# rndc flush
```

3. bind 高速缓存域名服务器

当访问一个 URL 时，先检查 /etc/hosts 文件中是否存在域名记录，如果不存在，则域名解析请求会发送给配置的 DNS 服务器，然后 DNS 服务器返回域名对应的 IP 地址。对于外部的 DNS 服务器的请求，响应会花费一定的时间。这时高速缓存域名服务器会提供适当的帮助，因为重复的请求会存储在本地。

named.conf 主配置文件的常用命令及其含义见表 11－3。

表 11－3　named.conf 主配置文件的常用命令及其含义

命令	说明	举例
listen-on port listen-on-v6 port	指定要监听的端口号（针对 IPv4 和 IPv6），默认 53。注意每个 IP 后的分号跟一个空格	listen-on port 53 {127.0.0.1; 200.200.200.50;};
directory	指定 DNS 服务器数据文件的存放位置	directory "/var/named";
dump-file	指定当发出 rndc dumpdb 命令时，bind 在哪个文件中转存当前数据库的高速缓存	dump-file "/var/named/data/cache_dump.db";
statistics-file	指定当发出 rndc:stats 命令时，在哪个文件中写入统计数据	statistics-file "/var/named/data/named_stats.txt";

续表

命令	说明	举例
allow-query	列出允许从服务器获取查询信息的 IP 地址，默认只允许本地系统访问	allow-query {127.0.0.1;192,168.122.0/24;};
recursion	启用递归查询。递归查询会向权威域名服务器请求域，并总是会给客户端提供回复	recursion yes;
dnssec-enable dnssec-validation dnssec-lookaside	DNS 安全扩展 dnssec 通过验证从其他域名服务器收到的响应的完整性和真实性，保护高速缓存域名服务器不受欺骗和缓存投毒攻击	dnssec-enable yes; dnssec-validation yes; dnssec-lookaside auto

zone. in	指定 Internet 根区，根 DNS 服务器在 /var/named/named.ca 中指定	zone "." IN {
		type hint;
		file "named.ca";
		};

【例 11－2】 创建一个高速缓存 DNS 服务器。

创建高速缓存 DNS 服务器无须进行任何修改，安装 bind-* 软件包即可。使用下面的命令启动 named 服务，并执行 rndc（域名服务器控制实用工具）命令。

```
[root@fanhui etc]# systemctl start named
[root@fanhui etc]# rndc status
version: 9.9.4-RedHat-9.9.4-37.el7 <id:8f9657aa>
CPUs found: 4
worker threads: 4
UDP listeners per interface: 4
number of zones: 101
debug level: 0
xfers running: 0
xfers deferred: 0
soa queries in progress: 0
query logging is OFF
recursive clients: 0/0/1000
tcp clients: 0/100
server is up and running
```

【例 11－3】 从高速缓存 DNS 转发 DNS 请求。

为了创建不在本地高速缓存中的请求并转发到其他 DNS 服务器，需要修改 /etc/named.conf 文件。在 option 选项中，启用 forwarders 命令来指定域名服务器。

```
options {
    listen-on port 53 { 127.0.0.1; 192.168.122.50; };
    listen-on-v6 port 53 { ::1; };
    directory       "/var/named";
    dump-file       "/var/named/data/cache_dump.db";
    statistics-file "/var/named/data/named_stats.txt";
    memstatistics-file "/var/named/data/named_mem_stats.txt";
    allow-query     { localhost; };
//指定向 IP 为 192.168.122.1 和 192.168.0.1 的 DNS 服务器转发解析请求
```

```
forwarders {
192.168.122.1;
192.168.0.1;
};
# 执行 named-checkconf 命令检查 named.conf 文件的语法错误
[root@fanhui etc]# named-checkconf
```

11.1.3 DNS 客户端

Windows 下的 DNS 客户端需要在本地网卡属性中添加 DNS 服务器 IP 地址；而 Linux 下的 DNS 客户端需要通过在本地网卡配置文件 ifcfg-**.conf 中添加 DNS1 和 DNS2 字段来指定 DNS 服务器 IP 地址，也可以配置 /etc/resolv.conf 文件来添加 nameserver IP 地址。配置完成后就可以进行域名测试了。

【例 11－4】 Linux 客户端测试域名 www.xijing.edu.cn 解析。

```
[root@fanhui ~]# dig www.xijing.edu.cn
; <<>> DiG 9.9.4-RedHat-9.9.4-37.el7 <<>> www.xijing.edu.cn
;; global options: +cmd
;; Got answer:
;; ->>HEADER<<- opcode: QUERY, status: NOERROR, id: 13027
;; flags: qr rd ra; QUERY: 1, ANSWER: 3, AUTHORITY: 0, ADDITIONAL: 0
;; QUESTION SECTION:
; www.xijing.edu.cn.            IN    A
;; ANSWER SECTION:
www.xijing.edu.cn.443  IN   CNAME 79626ccc33cb769b.cname.365cyd.cn.  # 别名
79626ccc33cb769b.cname.365cyd.cn. 1 IN  A    122.228.238.80          # 对应 IP
79626ccc33cb769b.cname.365cyd.cn. 1 IN  A    117.23.61.242
;; Query time: 21 msec                                               # 查询时长
;; SERVER: 218.30.19.40#53(218.30.19.40)                             #DNS 服务器
;; WHEN: 五 10 月 16 10:15:32 CST 2020
;; MSG SIZE  rcvd: 111
```

任务 11.2 配置邮件服务器

11.2.1 邮件服务器概述

邮件服务器由 4 个主要部分组成，分别是 MTA（邮件传输代理）、MUA（邮件用户代理）、MDA（邮件分发代理）和 MSA（邮件提交代理）。

Linux 系统可以为各种传出服务配置 MTA，其他 MTA（如 Dovecot）只能依据它所服务的协议 POP3 和 IMAP4 处理传入的电子邮件。

MUA 是用于发送和接收电子邮件的系统，例如 Evolution、outlook 等。在 MSA 的帮助下，邮件通常被发送到 MTA，例如 Postfix、sendmail 等。MDA（如 Procmail）在本地运行，将电子邮件从服务器传输到收件箱文件夹。

电子邮件系统基于邮件协议来完成电子邮件的传递，协议是一组传输数据的规则。

常见的邮件协议如下：

（1）简单邮件传输协议（SMTP）：用于发送和中转发出的电子邮件，占用服务器的25 端口。主要用于将邮件从客户端计算机传输到收件人的邮件服务器中。

（2）邮局协议版本 3（POP3）：用于将电子邮件存储到本地主机，占用服务器的 110 端口。

（3）Internet 消息访问协议（IMAP）：用于在本地主机上访问邮件，IMAP2 占用服务器的 143 端口，IMAP3 占用 220 端口。其中，POP3 和 IMAP 的工作是将邮件从收件人端的邮件服务器检索到本地计算机上。

【例 11－5】 请说明 POP3 和 IMAP 的区别。

（1）使用 POP3 协议时，用户必须在访问邮件之前下载邮件，同时会删除保存在邮件服务器上的邮件；而使用 IMAP 协议时，用户可以在下载之前检查部分邮件内容，而且在客户端下载邮件后，服务器端仍然保留该邮件。

（2）使用 POP3 协议时，用户无法在邮件服务器中组织邮件，而 IMAP 协议则可以帮助用户在服务器上组织邮件。

（3）使用 POP3 协议时，用户无法在邮件服务器上创建、删除和重命名邮箱，而使用 IMAP 协议则可以。

（4）使用 POP3 协议时，用户必须完全下载邮件才可阅读；使用 IMAP 协议时，用户在带宽有限的情况下部分下载邮件即可阅读。

RHEL/CentOS 7 以上版本默认的邮件服务器是 postfix，可以通过“yum -y install postfix”来安装。本节主要以搭建 Postfix 邮件服务器为例进行讲解。

【例 11－6】 选择 Postfix 作为默认的 MTA。

```
[root@fanhui ~]# alternatives --config mta
共有 1 个提供“mta”的程序。
选项    命令
-----------------------------------------------
*+ 1          /usr/sbin/sendmail.postfix
按回车键保留当前选项 [+]，或者键入选项编号：1
[root@fanhui ~]# alternatives --list | grep mta                 # 确认 Postfix 是默认的 MTA
mta  manual  /usr/sbin/sendmail.postfix
```

【例 11－7】 搭建一个邮件服务系统。

一个最基本的电子邮件系统要能提供发送服务和接收服务，因此需要使用基于 SMTP 协议的 Postfix 服务程序提供邮件发送服务，并使用基于 POP3 协议的 Dovecot 服务提供邮件收件服务。这样，用户就可以使用 Outlook Express、foxmail 或者 Evolution 等客户端服务程序来收发邮件了。

11.2.2 配置 Postfix

Postfix 邮件服务器是管理电子邮件的工具之一。Postfix 只接受来自本地系统的电子邮件，如果要将 Postfix 设置为接受传入的电子邮件并通过智能主机转发电子邮件，那么就需要对配置做一些更改。

Postfix 的配置文件存储在 /etc/postfix 目录里，主配置文件是 main.cf，另外还有

access、canonical、generic、relocated、transport 和 virtual 文件，可以通过 postfix 命令测试这些配置。

除了 .cf 文件以外，所有其他文件的变更都必须使用 postmap 命令写入数据库，如“postmap/etc/postfix/access”。

1. 主配置文件 main.cf

main.cf 配置文件是 Postfix 的主配置文件，非常重要，编辑之前建议先备份。

```
[root@fanhui postfix]# cp main.cf main.cf.1020          # 建议以月日方式作为扩展名
```

main.cf 文件中的主要参数见表 11－4。

表 11－4　main.cf 文件中的主要参数

参数	说明	举例
myhostname	指定邮件系统的主机名	myhostname=mail.example.com
mydomain	指定邮件系统的域名	mydomain=example.com
myorigin	指定从本机发出邮件的域名	myorigin=$mydomain
mydestination	可接收邮件的主机名或域名	mydestination=$myhostname,localhost.$mydomain,localhost,$mydomain
inet_interfaces	监听的网卡接口	inet_interfaces=all
mynetworks	设置可信任客户端的 IP 段	mynetworks=192.168.122.0/24,127.0.0.0/8
relay_domains	设置可转发哪些域的邮件	relay_domains=test.com
mailbox_size_limit	设置收件箱的最大容量（B）	maibox_size_limit=1073741824
message_size_limit	设置邮件的最大尺寸（B）	message_size_limit=10485760

更多参数含义可以查阅 /usr/share/doc/ 目录下的 main.cf.default 文件。

2. 访问文件 access

该文件可以限制用户和主机访问邮件服务器。例如：

```
192.168.122.50 OK
server1.example.com OK
example.org REJECT
192.168.100 REJECT
```

这些配置限制分为两种模式：动作 OK 表示允许，REJECT 表示拒绝。

3. relocated 文件

该文件包含外部网络用户（如离开当前组织的用户）的信息。例如：

```
john@example.com john@example.net
```

4. transport 文件

指定需要转发的邮件，例如将发送到 example.com 域的邮件转发到 server1.example.com 系统上的 SMTP 服务器，需要配置如下内容：

```
example.com smtp:server1.example.com
```

5. virtual 文件

通过该文件可以将电子邮件转发给本地系统上的用户账号。例如：

```
john@example.com root
```

6. 别名文件 canonical 和 generic

canonical 文件适用于从其他系统传入的电子邮件，接收后进行地址映射。而 generic 文件则相反，适用于发送到其他系统的电子邮件，发送前进行地址映射。例如：

```
john john@example.com
```

表示将发送到本地用户 john 的邮件发送到 john@example.com 邮箱。

又如：

```
@example.com @example.net
```

表示将发送到 example.com 域的电子邮件转发到 example.net 域。

11.2.3 配置 Dovect

1. 安装 Dovect

```
[root@fanhui ~]# yum -y install dovect
```

2. 配置 Dovect

（1）/etc/dovect/dovect.conf。

dovect.conf 是 Dovect 的主配置文件，主要配置参数见表 11－5。

表 11-5 Dovect 文件的主要配置参数

参数	说明	举例
protocols	开启支持的收件协议	protocols=imap pop3
listen	监听接口类型，* 表示 IPv4，:: 表示 IPv6	listen=*, ::
login_trusted_networks	可信任网络范围	login_trusted_networks=192.168.10.0/24 127.0.0.0/8

除了主配置文件外，/etc/dovect/conf.d 目录下还有很多附加配置文件，可以根据用户的需求进行一定的修改。

（2）/etc/dovect/conf.d/10-auth.conf。

文件主要参数如下：

- disable_plaintext_auth：值为 no 表示使用明文认证，为 yes 表示使用 ssl 方式认证，此时需要配置 ssl。
- auth_mechanisms：设置认证方式，可以是 plain login、anonymous、digest-md5。

（3）/etc/dovect/conf.d/10-mail.conf。

文件用于定义邮件的存储位置，主要参数如下：

- mail_location：设置邮件的存储格式和位置，一般配置是 mail_location = maildir:~/Maildir。

（4）/etc/dovect/conf.d/10-ssl.conf。

设置 ssl。主要参数如下：

- ssl：设置 ssl 支持，可以是 yes、no 和 required。

（5）/etc/dovect/conf.d/10-master.conf。

设置进程和用户认证。主要参数如下：

- unix_listener /var/spool/postfix/private/auth：设置 postfix smtp 认证。

【例 11－8】 使用 SMTP 传送邮件，允许 192.168.10.0/24 网段用户使用明文密码登录接收邮件。请配置 Dovecot。

（1）编辑 /etc/dovecot/dovecot.conf。

修改 listen=*，修改 login_trusted_networks=192.168.10.0/24

（2）编辑 /etc/dovecot/conf.d/10-auth.conf。

修改 disable_plaintext_auth=no，修改 auth_mechanisms=plain login

（3）编辑 /etc/dovecot/conf.d/10-mail.conf。

修改 mail_location=maildir:~/Maildir。

（4）编辑 /etc/dovecot/conf.d/10-master.conf。

修改内容如下：

```
unix_listener /var/spool/postfix/private/auth {
mode=0666
user=postfix
group=postfix
}
```

（5）编辑 /etc/dovecot/conf.d/10-ssl.conf。

修改内容如下：

```
ssl=no
```

项目实训

一、实训主题

搭建一个电子邮件服务器，构建企业内部员工邮箱，方便员工收发电子邮件。该邮件服务器的 IP 地址为 10.10.91.9，负责投递的域为 test.cn，仅处理来自 10.10.90.0/23 网段的邮件。同时在该物理服务器上搭建一个 DNS 服务器，负责 test.cn 域的域名解析服务工作。要求实现邮箱账号 mailer1@test.cn 给邮箱账号 mailer2@test.cn 发送邮件。

二、实训分析

1. 操作思路

要完成邮件系统的搭建，需要使用 Postfix+Dovecot 软件组合，Postfix 使用 SMTP 协议完成邮件传输，Dovecot 使用 POP3 协议、IMAP 协议完成邮件的本地下载。域名解析使用 DNS 服务来完成。

2. 所需知识

（1）邮件系统的工作原理。

（2）DNS 服务器的配置。

（3）Postfix 服务器的配置和管理。

（4）Dovecot 服务器的配置和管理。

三、实训步骤

1. DNS 服务器配置

【步骤 1】bind 软件安装。

```
[root@fanhui conf.d]# yum -y install bind bind-utils
```

【步骤 2】编辑配置文件 /etc/named.conf。

```
修改 options 节中的配置项 allow-query，设置为：
allow-query   { any; };
添加配置项 zone：
zone "test.cn" IN {
        type master;
        file "test.cn.zone";
        allow-update { none; };
};
```

【步骤 3】编辑 DNS 数据文件。

```
[root@fanhui ~]# cd /var/named
[root@fanhui named]# cp -p named.localhost test.cn.zone
[root@fanhui named]# vim test.cn.zone
内容如下：
$TTL 1D
@       IN SOA  dns.test.cn. root.test.cn. (
                                0       ; serial
                                1D      ; refresh
                                1H      ; retry
                                1W      ; expire
                                3H )    ; minimum
@       IN    NS      dns.test.cn.
@       IN    MX 1    mail.test.cn
www     IN    A       10.10.91.9
mail    IN    A       10.10.91.9
```

【步骤 4】配置 DNS 服务器地址。

```
[root@fanhui ~]# vim /etc/resolv.conf
编辑内容：
nameserver 10.10.91.9
nameserver 218.30.19.40
```

【步骤 5】配置防火墙。

```
[root@fanhui ~]# firewall-cmd --permanent --add-service=dns
[root@fanhui ~]# firewall-cmd --reload
```

【步骤 6】开启 named 服务。

```
[root@fanhui ~]# systemctl restart named                # 重启服务
[root@fanhui ~]# systemctl enable named                 # 开机自动启动
```

【步骤 7】mx 记录解析测试。

```
[root@fanhui ~]# dig -t mx test.cn
```

如果返回的信息中有 status: NOERROR，可以看到解析出的 IP 地址，表示 DNS 服务器搭建成功。

2. Postfix 服务器配置和管理

【步骤 1】配置防火墙，开放 25 端口和 110 端口。

```
[root@fanhui network-scripts]# firewall-cmd --add-port=25/tcp --permanent
[root@fanhui network-scripts]# firewall-cmd --add-port=110/tcp --permanent
[root@fanhui network-scripts]# firewall-cmd --reload
```

【步骤 2】修改主机名。

```
[root@fanhui network-scripts]# hostnamectl set-hostname mail.test.cn
```

【步骤 3】安装 Postfix 软件包。

```
[root@fanhui ~]# yum -y install postfix
```

【步骤 4】修改默认 MTA 为 Postfix。

```
[root@fanhui network-scripts]# alternatives --config mta
[root@fanhui network-scripts]# alternatives --list|grep mta
mta manual   /usr/sbin/sendmail.postfix                # 出现此行表示成功
```

【步骤 5】配置 Postfix。

```
[root@fanhui network-scripts]# vim /etc/postfix/main.cf
修改如下：
myhostname = mail.test.cn
mydomain = test.cn
myorigin = $mydomain
inet_interfaces = all
inet_protocols = all
mydestination = $myhostname, localhost.$mydomain, localhost,$mydomain
mynetworks = 10.10.90.0/23,127.0.0.0/8
home_mailbox = Maildir/
smtpd_sasl_path = private/auth
smtpd_sasl_auth_enable = yes                # 启用 sasl（简单身份和安全层）
smtpd_sasl_security_options = noanonymous
smtpd_sasl_local_domain = $myhostname
broken_sasl_auth_clients = yes
smptd_recipient_restrictions = permit_mynetworks,permit_auth_destination,
```

```
permit_sasl_authenticated,reject_unauth_destination
smtpd_client_restrictions = permit_sasl_authenticated
配置 smtpd 验证：
[root@mail conf.d]# vim /etc/sasl2/smtpd.conf
添加如下内容：
pwcheck_method: saslauthd
mech_list: plain login
最后配置：
[root@mail conf.d]# vim /usr/lib64/sasl2/smtpd.conf
pwcheck_method: saslauthd
mech_list: PLAIN LOGIN
log_level: 3
```

【步骤 6】开启 Postfix 服务并添加到系统自启动。

```
[root@mail postfix]# systemctl start postfix
[root@mail postfix]# systemctl enable postfix
```

【步骤 7】创建电子邮件用户。

```
[root@mail ~]# useradd  -d /var/mail -s /sbin/nologin mailer1
[root@mail ~]# echo 123456 | passwd --stdin mailer1                # 设置 mailer1 密码
[root@mail ~]# useradd  -s /sbin/nologin mailer2
[root@mail ~]# echo 123456 | passwd --stdin mailer2                # 设置 mailer2 密码
```

其余邮件用户参照以上方法设置。

【步骤 8】发送邮件测试。

配置好 SMTP 服务器后，连接 25 号端口进行测试，命令如下：

```
[root@mail conf.d]# telnet mail.test.cn 25
Trying 10.10.91.9...
Connected to mail.test.cn.
Escape character is '^]'.
220 mail.test.cn ESMTP Postfix
mail from:mailer1@test.cn                        # 指定发件人地址
250 2.1.0 Ok
rcpt to:mailer2@test.cn                          # 指定收件人地址
250 2.1.5 Ok
data                                             # 开始写邮件内容
354 End data with <CR><LF>.<CR><LF>
subject:test mail 1.                             # 指定邮件主题
   No.1 mail document                            # 输入邮件内容
.                                                # 输入结束
250 2.0.0 Ok: queued as 2FA84E18F
quit
221 2.0.0 Bye
Connection closed by foreign host.
```

3. Dovecot 服务器配置和管理

【步骤 1】安装 Dovecot 软件包。

```
[root@mail ~]# yum -y install dovecot
```

【步骤 2】编辑配置文件。

```
[root@mail ~]# vim /etc/dovecot/dovecot.conf
修改内容如下：
protocols = imap pop3
listen = *, ::
login_trusted_networks =  10.10.90.0/23
[root@mail ~]# vim /etc/dovecot/conf.d/10-auth.conf
修改内容如下：
disable_plaintext_auth = no
auth_mechanisms = plain login
```

为了简化认证，本次使用明文密码认证文件方式。修改 include 命令，具体如图 11－1 所示。

```
#! include auth-deny.conf.ext
#! include auth-master.conf.ext

#! include auth-system.conf.ext
#! include auth-sql.conf.ext
#! include auth-ldap.conf.ext
! include auth-passwdfile.conf.ext
#! include auth-checkpassword.conf.ext
#! include auth-vpopmail.conf.ext
#! include auth-static.conf.ext
```

图 11－1　认证方式修改

```
[root@mail conf.d]# vim /etc/dovecot/users                    # 创建 users 文件
内容如下：
mailer1:{plain}123456:1002:1003::/var/mail
mailer2:{plain}123456:1003:1004::/home/mailer2
[root@mail conf.d]# vim /etc/dovecot/conf.d/10-mail.conf
修改内容如下：
mail_location = maildir:~/Maildir
inbox = yes
[root@mail conf.d]# vim /etc/dovecot/conf.d/10-master.conf
修改内容如下：
service auth {
 unix_listener /var/spool/postfix/private/auth {
     mode = 0666
     user = postfix
     group = postfix
  }
[root@mail conf.d]# vim /etc/dovecot/conf.d/10-ssl.conf
修改内容如下：
ssl = no
```

【步骤 3】启动 Dovecot 并设置为开机自启动。

```
[root@mail conf.d]# systemctl restart dovecot
[root@mail conf.d]# systemctl enable dovecot
```

【步骤 4】测试 Dovecot。

```
[root@mail mail]# telnet mail.test.cn 110              # 验证 POP3
Trying 10.10.91.9...
Connected to mail.test.cn.
Escape character is '^]'.
+OK [XCLIENT] Dovecot ready.
user mailer2                                           # 以 mailer2 身份登录
+OK
pass 123456                                            # 密码
+OK Logged in.
list                                                   # 查看邮件列表
+OK 1 messages:
1 432
.
retr 1                                                 # 获取编号为 1 的邮件
+OK 432 octets
Return-Path: <mailer1@test.cn>
X-Original-To: mailer2@test.cn
Delivered-To: mailer2@test.cn
Received: from mail.test.cn (mail.test.cn [10.10.91.9])
    by mail.test.cn (Postfix) with SMTP id 4D167E1A7
    for <mailer2@test.cn>; Thu, 12 Nov 2020 16:07:44 +0800 (CST)
subject:test mail 1
Message-Id: <20201112080805.4D167E1A7@mail.test.cn>
Date: Thu, 12 Nov 2020 16:07:44 +0800 (CST)
From: mailer1@test.cn
No.1 mail document
.
quit                                                   # 退出
+OK Logging out.
Connection closed by foreign host.
```

如果出错可以使用 doveadm log find 命令来确定日志文件位置，然后分析日志文件记录的错误，最后根据出错信息进行排查。

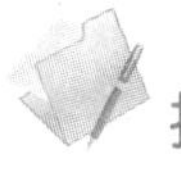

技能检测

一、选择题

1. 下面哪个文件是 DNS 服务器的主配置文件？（　　）

   A. /etc/named.conf　　B. /var/named/named.localhost

   C. /etc/bind.conf　　D. /var/named/named.conf

2. 下面哪个工具不可以用于测试域名解析服务？（　　）

   A. nslookup　　B. dig　　C. ping　　D. netstat

3. 以下选项中，（　　）是邮件传输协议。

   A. POP3　　B. IMAP　　C. SMTP　　D. FTP

4. 关于 MTA 的描述，不正确的是（　　）。

A. 可以使用 Postfix 来完成 MTA 功能

B. 可以使用 sendmail 来完成 MTA 功能

C. MTA 可完成邮件的传输

D. Outlook 和 evolution 可以完成 MTA 功能

5. 关于 Postfix 的描述，不正确的是（　　）。

A. Postfix 可以使用明文进行用户合法性验证

B. Postfix 可以通过 Dovecot 进行用户合法性验证

C. Postfix 主配置文件为 /etc/postfix/main.cf

D. Centos 7 系统默认的 MTU 是 sendmail

6. 关于 Dovecot 的描述，不正确的是（　　）。

A. 可以采用不同的用户合法性验证方式

B. 可以选择使用 POP3 协议和 IMAP 协议

C. 可以使用 telnet 来验证 Dovecot 服务器配置是否正常

D. 明文认证使用 /etc/passwd 文件来完成身份合法性验证

二、简答题

1. 在本地网络上（192.168.122.0/24）搭建一个高速缓存 DNS 服务器（IP 地址为 192.168.122.50），转发服务器 IP 地址为 192.168.122.1。应如何配置该服务器？

2. 如何测试 Postfix 配置是否正确？

3. 如何测试 Dovecot 配置是否正确？

项目 12

Web 服务器配置与管理

项目导读

Web 服务是目前 Internet 上最常见的服务之一，要搭建一个 Web 服务器，首先要选择一个合适的 Web 软件。本项目将介绍 Apache 服务器的安装、配置、维护等方面的知识，展示 Linux 系统下搭建 Apache 服务器的过程。

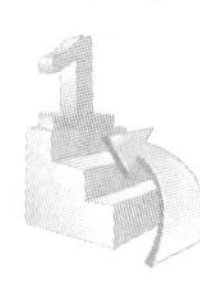

学习目标

- 理解 Web 服务的工作原理。
- 能够正确设置 Apache 服务器的配置文件。
- 掌握虚拟主机配置过程。
- 能够正确处理 Apache 服务器运行中出现的常见问题。

课程思政目标

培养网络安全意识，合理设置 Web 服务器访问权限，预防潜在的黑客攻击行为，做好网络服务器安全防御措施，完善服务器安全配置，确保服务器安全稳定运行，保护国家、企业和个人的信息安全。

任务 12.1　认知 Web 服务

万维网（World Wide Web，WWW）又称为 Web，是在 Internet 上以超文本为基础形成的信息网，用户通过浏览器可以访问 Web 服务器上的信息资源。目前，在 Linux 系统上最常用的 Web 服务软件之一是 Apache。

12.1.1　Web 服务

Web 服务是 Internet 上最重要的服务之一，用户可以通过它访问网页、查找资料、发布信息。Web 服务是典型的浏览器 / 服务器模式（B/S），常见的服务器有 Apache、IIS 等。常用的浏览器有 IE、Firefox、Chrome 等，用户可在浏览器的地址栏中输入统一资源定位符（URL）来访问 Web 页面。

Web 页面是以超文本语言（HTML）编写的，它使得文本不再是传统的书页形式，而是可以在浏览过程中从一个页面跳转到另一个页面。使用 HTML 语言编制的 Web 页面，除了包含文本信息外，还可以嵌入声音、图像、视频等多媒体信息。

WWW 服务遵循 HTTP（超文本传输协议），默认的端口为 80。Web 服务器运行后，一直在 TCP 的 80 端口（默认）进行监听，等待客户端的连接请求。

Web 服务的工作过程如下：

（1）建立连接。

连接的建立通过创建套接字（Socket）实现。套接字由 IP 地址、协议、端口号等构成，用于网络中主机之间的通信。Web 采用 TCP 连接方式。客户端创建一个套接字，如果成功，就相当于建立了一个虚拟文件，以后就可以在该虚拟文件上写入数据，并向网络外传送。也可以从该虚拟文件上读取数据，以获取 Web 服务器返回的信息。

（2）发出请求。

连接建立之后，客户机就可以把请求通过网络传送到服务器的监听端口上，完成发出请求的动作。

（3）发送响应信息。

服务器处理完客户端的请求后，要向客户端发送响应信息，信息以 HTML 文件方式传送。同时，服务器返回一个 3 位的数字码，表示服务的状态。正常情况下返回的是以 2 或者 3 开头的状态码，以 4 或者 5 开头的状态码表示客户端的请求有错误。

（4）关闭连接。

客户端和服务器双方都可以通过关闭套接字来结束 TCP 对话。

用户每次浏览网站获取一个页面，都会重复上述的连接过程，周而复始。Web 服务的工作过程如图 12－1 所示。

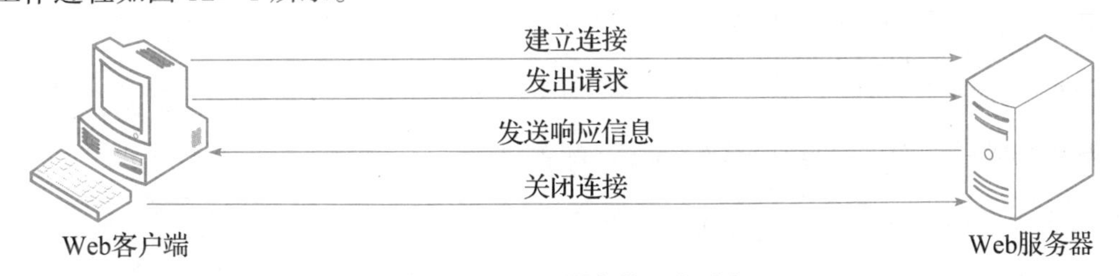

图 12－1　Web 服务的工作过程

12.1.2　Apache 简介

使用 Web 服务前需要架设 Web 服务器，Apache 就是一种开源的 Web 服务器软件，可以在 UNIX、Linux 以及 Windows 等主流操作系统中运行，由于其支持多平台且具有良好的安全性而被广泛使用。

由于 Apache 是开源软件，因此得到了开源社区的支持，不断开发出新的功能特征，并修补了原来的缺陷，实现高效稳定的运行。经过多年的不断完善，如今的 Apache 已经是最流行的 Web 服务器软件之一。

Apache 采用模块化设计，模块安装后就可以为 Apache 内核增加相应的新功能。默认情况下 Apache 已经安装了部分模块，用户也可以通过模块配置，自定义 Apache 服务器中需要安装的功能，这也是 Apache 灵活性的表现。Linux 系统下的 Apache 服务器的守护进程为 /usr/sbin/httpd。

任务 12.2 安装 Apache 服务器

本任务以 2.4.6 版本的 Apache 为例，介绍 Apache 服务器的安装、启动、关闭以及检测服务状态的方法。

12.2.1 Apache 软件包的安装

CentOS 和 RHEL 安装光盘中均自带了 Apache 软件包，用户也可以到 Apache 官方网站下载最新版本的软件包，网址为 http://httpd.apache.org。

Apache 服务器的安装过程很简单，可以通过下载 rpm 包的方式或源码方式进行安装，rpm 包方式比较简单，但是灵活性不好；源码方式比较复杂，但是灵活性好，可以定制需要安装的模块。建议初学者通过 rpm 包方式来安装。

1. 检查系统中是否安装了 httpd 软件

使用如下命令进行测试：

```
rpm -qa | grep httpd
```

如果命令执行之后有信息显示，表明 httpd 已安装；如果没有信息显示，表明 httpd 未安装，这时进行下一步安装。

2. 安装 httpd

通过本地安装光盘安装 httpd 软件包时，执行以下操作（以最小化安装为例）：

```
[root@fanhui ~]# mount -t iso9660 /dev/cdrom /mnt          # 挂载本地光盘
mount: /dev/sr0 is write-protected, mounting read-only
 # 安装 Apache 主程序包
[root@fanhui Packages]# rpm -ivh httpd-2.4.6-45.el7.centos.x86_64.rpm
 # 安装 Apache 参考书册包
[root@fanhui Packages]# rpm -ivh httpd-manual-2.4.6-45.el7.centos.noarch.rpm
```

安装完成后，程序会自动创建 Apache 配置目录 /etc/httpd。

12.2.2 启动和关闭 Apache 服务

1. 手动启动 Apahce 服务

```
[root@fanhui Packages]# systemctl start httpd
```

2. 停止与重启 Apache 服务

```
[root@fanhui Packages]# systemctl stop httpd
[root@fanhui Packages]# systemctl restart httpd
```

12.2.3 检测 Apache 状态

可以通过检测 Apache 守护进程 httpd 的状态来确定 Apache 服务是否正在运行。

```
[root@fanhui httpd]# systemctl status httpd
# 或者使用 ps 命令显示 httpd 进程是否正在运行，Apache 运行后会创建多个 httpd 进程
[root@fanhui conf]# ps alx | grep httpd
```

还可以通过查看 httpd 的监听端口来确定。

```
[root@fanhui conf]# netstat -ant | grep 80
```

12.2.4 开机自动运行

```
[root@fanhui conf]# systemctl enable httpd
```

任务 12.3 配置 Apache 服务器

Apache 在安装时已经自动采用了一系列的默认设置，安装后就可以对外提供基本的 WWW 服务。但为了更好地运行，还需要对 Apache 进行一些配置。Apache 的主要配置文件为 httpd.conf，此外，Apache 还提供了相关的命令方便用户管理和配置。

019 Apache 服务器配置

12.3.1 主要目录和文件介绍

熟悉 Apache 的主要目录和配置文件有助于用户对服务器进行合理配置，Apache 安装后的主要目录及文件见表 12-1。

表 12-1 Apache 安装后的主要目录及文件

项目	内容	说明
Web 站点目录	/var/www 目录	默认 Web 站点目录
	/var/www/html 目录	默认网页文件根目录
	/var/www/cgi_bin 目录	CGI（通用公共接口）程序文件
配置文件	/etc/httpd/conf 目录	配置文件主目录
	/etc/httpd/conf.d 目录	附件参数文件（除主配置文件 httpd.conf）存放目录
	/etc/httpd/conf/httpd.conf 文件	Apache 主配置文件
应用文件	/usr/sbin 目录	存放服务器程序文件和实用程序文件
	/var/log/httpd 目录	存放 Apache 日志文件

12.3.2 Apache 服务器的管理

httpd 命令是 Apache 管理中最常用的命令，它除了可以用于启动和关闭 httpd 服务外，还可以对配置文件的语法、版本信息、已安装的模块等进行检查。

【例 12-1】 查看 Apache 服务器的运行信息。

（1）查看软件版本信息。

```
[root@fanhui sbin]# httpd -v
```

```
Server version: Apache/2.4.6 (CentOS)
Server built:   Nov 14 2016 18:04:44
```

（2）检查配置文件中的语法是否正确。

```
[root@fanhui sbin]# httpd -t
Syntax OK
```

（3）查看已经安装的静态模块。

```
[root@fanhui sbin]# httpd -l        # 使用 -M 参数查看所有安装的静态和动态模块
Compiled in modules:
  core.c
  mod_so.c
  http_core.c
```

（4）启动 Apache 服务器。

```
[root@fanhui sbin]# httpd -k start
httpd (pid 4356) already running
```

12.3.3 主配置文件介绍

/etc/httpd/conf/httpd.conf 是 Apache 的主配置文件，Apache 的常见配置主要是通过修改该文件来实现的，若要使更改的配置生效，需要重启 httpd 服务。

主配置文件可以包含类似 /etc/httpd/conf.d/*.conf 格式的配置文件，通过命令 IncludeOptional 可以定义包含的配置文件。

配置文件的格式可以参照如下语法规则：

（1）每一行包含一条命令，在行尾使用反斜线“\”表示续行。

（2）配置文件中的命令不区分大小写，但是命令的参数通常区分大小写。

（3）以“#”开头的行被视为注释，并在读取时被忽略，注释不能出现在命令的后边。

（4）空白行和命令前的空白字符将在读取时被忽略。

主配置文件 httpd.conf 主要由全局环境、主服务器配置和虚拟主机 3 个部分组成，每个部分都有相应的配置命令，命令以“配置参数名称　参数值”的形式存在，配置命令可以放在文件中的任何位置。

12.3.4 Apache 服务器常见配置命令

配置命令分为全局环境配置命令和主服务器配置命令两类。

1. 全局环境配置命令

（1）ServerRoot。用于指定 Apache 服务器的根目录，默认指向 /etc/httpd。

（2）Listen。指定监听端口，默认为 80。

（3）Timeout。定义客户程序和服务器连接的超时间隔，超过这个时间间隔（单位秒）后服务器将断开与客户端的连接，默认为 120 秒。

（4）KeepAlive。设置是否保持活跃的连接。如果设置为“ on”，表示来自同一客户端的请求不需要再一次连接，以避免每次请求都需要新建一个连接而加重服务器的负担。

默认设置为“off”。

（5）MaxKeepAliveRequests。保持连接时，每次连接的最多请求文件数，默认为100。

（6）LoadModule。动态加载模块，用于扩展 Apache 服务器的功能。

（7）ServerAdmin。设置服务器管理员的邮箱账号。

（8）ServerName。设置服务器名程和端口号，也可以设置为主机的 IP 地址。

（9）User。设置 httpd 进程的执行者。

（10）Group。设置 httpd 进程执行者所属的组。

（11）Include conf.d/*.conf。用于设置从哪些配置目录中加载配置文件，也就是说除了主配置文件 httpd.conf 外，用户还可以编写自己的配置文件，作为 httpd.conf 的补充。

（12）StartServers。设置服务器启动时建立的子进程数量，默认为 5。

（13）MinSqareServers。设置空闲子进程的最小数量，默认为 5。

（14）MaxSqareServers。设置空闲子进程的最大数量，默认为 10。

（15）ServerLimit。服务器允许配置的进程数上限。

（16）MaxClients。用于客户端请求的最大请求数量。

（17）MaxRequestPerChild。设置每个子进程在其生命周期内允许伺服的最大请求数量，达到设定值后，子进程将结束，默认值为 0。

2. 主服务器配置命令

（1）DocumentRoot。指定 Apache 服务器默认存放网页文件的根目录位置，可以根据自己的需要进行更改，默认设置为“/var/www/html”。

（2）Alias。为某一目录建立别名。格式为“Alias 别名 真实名”，主要用途是扩展根目录的容量。

（3）<Directory 目录的路径 >…</Directory>。

设置目录的访问权限，示例如下：

```
<Directory“/var/www/html”>
    # 允许符号链接的文件
    Options  Indexes FollowSymLinks
    # 是否可以取消以前设置的访问权限，此处禁止读取“.htaccess”文件中的内容
    AllowOverride None
    # 设置访问规则，允许所有连接 / 拒绝所有连接
    Require all granted/denied
    # 仅允许 192.168.1.0/24 网络的主机访问
    Require ip 192.168.1.0/24
    # 禁止 192.168.1.2 的主机访问，其他都可以
    Require not ip 192.168.1.2
</Directory>
```

（4）默认主页文件。

```
<IfModule dir_module>
    DirectoryIndex index.html
</IfModule>
```

（5）ErrorLog。用于指定记录 Apache 运行过程中所产生的错误信息的日志文件的位置。

（6）LogLevel。用于指定 ErrorLog 文件中记录的错误信息的级别，默认为 warn。

（7）CustomLog。用于设置访问控制日志的路径和格式，默认为 CustomLog logs/access_log combined。

任务 12.4 配置虚拟主机

虚拟主机服务就是将一台物理服务器虚拟成多台 Web 服务器，可以有效节省硬件资源并且方便管理。Apache 可以支持基于 IP 地址、基于域名和基于端口的虚拟主机服务。

Apache 是通过配置文件中的 <VirtualHost> 容器来配置虚拟主机服务的，其格式如下：

```
<VirtualHost  IP 地址 / 主机名 [: 端口 ]>
虚机主机相关配置参数和命令
</VirtualHost>
```

如果要调测虚拟主机配置，可以使用 httpd -S 命令来解析配置文件。

12.4.1 基于 IP 的虚拟主机

顾名思义，提供基于 IP 的虚拟主机服务的服务器上必须同时设置多个 IP 地址，将多个网站绑定在不同的 IP 地址上。服务器根据用户请求的目的 IP 地址来判断用户请求的是哪个虚拟主机的服务，从而做进一步处理。

【例 12－2】 配置基于 IP 地址的虚拟主机。

配置过程如下：

（1）为物理主机配置多个 IP 地址。

（2）建立虚拟主机存放网页的根目录，并创建首页文件 index.html。

（3）修改 httpd.conf 文件，设置 Listen 命令监听不同 IP 地址和端口，在文件末尾加入“IncludeOptional conf.d/*.conf”命令。

（4）编辑每个 IP 对应的配置文件（/etc/httpd/conf.d/*.conf），设置虚拟主机配置段 <VirtualHost>...</VirtualHost> 的内容。

12.4.2 基于域名的虚拟主机

使用基于域名的主机配置是比较流行的方式，可以在同一个 IP 地址上配置多个不同的域名并且都可以通过 TCP 80 端口访问。

【例 12－3】 配置基于域名的虚拟主机。

配置过程如下：

（1）申请域名。

（2）建立虚拟主机存放网页的根目录，并创建首页文件 index.html。

（3）修改 httpd.conf 文件，设置 Listen 命令监听的 IP 地址和端口，在文件末尾加入“IncludeOptional conf.d/*.conf”命令。

（4）编辑每个域名的配置文件（/etc/httpd/conf.d/*.conf），正确设置虚拟主机配置段 <VirtualHost>...</VirtualHost> 的内容。

12.4.3 基于端口的虚拟主机

如果一台服务器只有一个 IP 地址而又需要通过不同的端口访问不同的虚拟主机，可以使用基于端口的虚拟主机配置。

【例 12－4】 配置基于端口的虚拟主机。

配置过程如下：

（1）建立虚拟主机存放网页的根目录，并创建首页文件 index.html。

（2）在 httpd.conf 文件中加入“Listen IP：端口号”命令，在文件末尾加入“Include Optional conf.d/*.conf”命令。

（3）编辑每个端口的配置文件（/etc/httpd/conf.d/*.conf），加入虚拟主机配置段 <VirtualHost>。

项目实训

一、实训主题

某公司有一台 Apache 服务器，IP 地址为 192.168.1.200，随着公司业务发展的需要，现需要在此服务器上搭建 3 个虚拟主机，使用的端口号分别为 7081、8081 和 9081，假设公司的域名为 www.test.com。请搭建满足要求的 Apache 服务器。

二、实训分析

1. 操作思路

要搭建 Apache 服务器，首先需要安装 Apache 软件，其次需要配置网络参数，如 IP 地址、DNS、防火墙、主机名等，最后根据需求正确设置 Apache 的配置文件。

2. 所需知识

（1）网络相关参数配置。

（2）Apache 软件包的安装。

（3）基于端口的虚拟主机配置。

（4）配置文件中命令的设置。

三、实训步骤

1. 网络和网站首页配置

```
#---- 配置设备名为 ens33 的网卡的 IP 地址 ----
[root@fanhui ~]# ip address add 192.168.1.200/24 dev ens33
#--- 配置主机的 hosts 文件以便于测试，真实环境中不需要配置 ---
[root@fanhui ~]# echo "192.168.1.200 www.test.com">>/etc/hosts
#--- 创建虚拟主机存放网页的根目录 ---
[root@fanhui ~]# mkdir -p /test/{7081,8081,9081}
#-- 创建首页文件 index.html--
[root@fanhui test]# echo "this is port 7081">/test/7081/index.html
[root@fanhui test]# echo "this is port 8081">/test/8081/index.html
```

```
[root@fanhui test]# echo "this is port 9081">/test/9081/index.html
```

2. Apache 服务器配置

【步骤 1】修改 /etc/httpd/conf/httpd.conf 文件。

```
Listen 192.168.1.200:7081
Listen 192.168.1.200:8081
Listen 192.168.1.200:9081
IncludeOptional conf.d/*.conf
```

【步骤 2】配置每个端口的配置文件。

```
[root@fanhui conf.d]# cat /etc/httpd/conf.d/www.test.com.7081.conf
<VirtualHost 192.168.1.200:7081>
    ServerName www.test.com
    DocumentRoot /test/7081
    <Directory "/test/7081/">
        Options Indexes FollowSymlinks
        AllowOverride None
        Require all granted
    </Directory>
</VirtualHost>
```

其他两个配置文件和上面的类似，只需要修改端口号和根目录位置，此处不再赘述。

【步骤 3】检查配置文件语法错误。

```
[root@fanhui conf.d]# httpd -t
Syntax OK
```

【步骤 4】配置 SELinux 和防火墙。

```
[root@fanhui conf.d]# setenforce 0
# 修改 Firewalld 防火墙的 http 服务配置文件 http.xml
[root@fanhui conf.d]# vim /usr/lib/firewalld/services/http.xml
在 <service> 容器里添加如下内容：
        <port protocol="tcp" port="7081"/>
        <port protocol="tcp" port="8081"/>
        <port protocol="tcp" port="9081"/>
[root@fanhui conf.d]# firewall-cmd --permanent --add-service=http
[root@fanhui conf.d]# firewall-cmd --reload
```

【步骤 5】启动 httpd 服务。

```
[root@fanhui ~]# systemctl start httpd
# 当启动失败时，可以使用"journalctl -xe"查看错误原因
```

【步骤 6】测试。

使用 URL 命令行工具 curl 访问 3 个虚拟主机。

```
[root@fanhui ~]# curl www.test.com:7081
this is port 7081
[root@fanhui ~]# curl www.test.com:8081
```

```
this is port 8081
[root@fanhui ~]# curl www.test.com:9081
this is port 9081
```

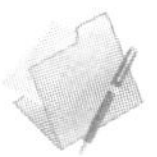

技能检测

一、选择题

1. 在 Linux 操作系统中，手动安装 Apache 服务器时，默认的 Web 站点目录是（　　）。

   A. /etc/httpd　　B. /var/www/html　　C. /etc/home　　D. /home/httpd

2. Apache 是应用广泛的 Web 服务器产品，（　　）是 Apache 的主要配置文件。

   A. httpd.conf　　B. srm.conf　　C. access.conf　　D. apache.conf

二、简答题

1. 什么是虚拟主机？什么是个人主页？两者有什么区别？

2. 虚机主机的实现方式有哪几种？

3. 在物理服务器上搭建 2 个虚拟网站，域名为 www.jkx1.yxnu.net 和 www.jkx2.yxnu.net，IP 地址为 172.17.12.100/16。请问如何实现？写出详细过程。

4. 如何集成 Apache 和 PHP？

项目 13

DHCP 服务器的配置与管理

项目导读

DHCP（Dynamic Host Configuration Protocol，动态主机配置协议）能动态地为客户端计算机分配 IP 地址以及设置其他网络信息，如默认网关、DNS 服务器 IP 等。通过 DHCP 协议，管理员能够对网络中的 IP 地址进行集中管理和自动分配，有效节约 IP 地址，简化网络配置，减少 IP 地址冲突。本项目将详细讲解 DHCP 服务器的安装和配置过程。

学习目标

- 了解 DHCP 服务的工作原理。
- 能够正确设置 DHCP 服务器的配置文件。
- 掌握 DHCP 服务器的配置过程。
- 能够正确处理 DHCP 服务器运行中出现的常见问题。

课程思政目标

明确操作系统在计算机管理领域的重要地位和作用，认识到一旦进行错误操作将导致的损失，养成一丝不苟的专业精神。

任务 13.1　认知 DHCP 服务

DHCP 可以自动配置主机的 IP 地址、子网掩码、默认网关及 DNS 地址等信息。

13.1.1　主机 IP 地址的指定方式

（1）由管理员为每台主机静态指定 IP 地址及配置参数。

（2）由专门的 DHCP 服务器为每台主机动态分配 IP 地址及上网参数。

对于前者，由于是用户自己修改 IP 配置，所以造成冲突的可能性较大；而后者在一定程度上屏蔽了地址分配过程，不仅可以降低地址冲突的可能性，而且减轻了管理员的工作负担。

DHCP 可以有效地降低客户端 IP 地址配置的复杂度和网络的管理成本。如果路由器能够转发 DHCP 请求，只需要在一个子网中配置好 DHCP 服务器就可以向其他子网提供网络配置的服务。

13.1.2 DHCP 的主要应用环境

（1）局域网中存在大量主机。

（2）局域网中存在比较多的移动设备。

13.1.3 DHCP 的工作原理

DHCP 采用客户机 / 服务器的工作模式，由客户端以广播方式向网络中所有的服务器发出获取 IP 地址的申请，服务器接收客户端的请求后，会把分配的 IP 地址以及相关的网络配置信息返回客户端，以实现 IP 地址等信息的动态配置。比如，家庭接入互联网所使用的 ADSL 拨号就是通过 DHCP 协议来请求 IP 地址、子网掩码、默认网关和 DNS 服务器 IP 地址等网络配置信息。

DHCP 提供 3 种 IP 地址分配策略，以满足 DHCP 客户端的不同需求。

1. 手动分配

在这种方式下，网络管理员需要在 DHCP 服务器上以手动方式为特定的客户端（Web 服务器、FTP 服务器等需要通过固定 IP 地址来访问的应用服务器）绑定固定的 IP 地址。当这些 DHCP 客户端连接网络时，DHCP 服务器就把已经绑定好的 IP 地址以及其他网络配置信息返回客户端。

2. 自动分配

与手动分配不同，自动分配不需要进行任何 IP 地址的手动绑定。当 DHCP 客户端第一次从 DHCP 服务器获得 IP 地址后，这个地址就永久地分配给了该 DHCP 客户端，而不再分配给其他客户端，即使主机没有在线。所以说，采用这种分配方式同样会造成 IP 地址的浪费。

3. 动态分配

在动态分配中，DHCP 服务器会为每个分配出去的 IP 地址设定一个租约，DHCP 服务器只是暂时把 IP 地址分配给客户端主机。租约到期，DHCP 服务器回收这个 IP 地址，由服务器再分配给其他客户端使用。动态分配方式是唯一能够自动重复使用 IP 地址的方式，不会造成 IP 地址浪费，有效解决了 IP 地址不够用的问题。

13.1.4 DHCP 中作用域、超级作用域、排除范围、地址池、租约、保留地址、选项类型

（1）作用域。网络中可分配的 IP 地址范围，用于定义网络中单一物理子网的 IP 地址范围。

（2）超级作用域。一组作用域的集合，用来在一个物理子网中包含多个逻辑 IP 子

网，超级作用域不用设置具体范围。

（3）排除范围。不参与动态分配的 IP 地址序列。

（4）地址池。一组待分配给 DHCP 客户端的 IP 地址。

（5）租约。DHCP 服务器指定 DHCP 客户端可以使用 IP 的时间长度，客户端在此时间范围可以使用获得的 IP 地址，客户端获得 IP 地址时租约即被启动。租约到期后，客户端需要更新 IP 地址租约，租约过期，IP 地址将被收回。

（6）保留地址。可以利用保留地址来创建永久的地址租约，保留地址可以保证网络中指定的硬件设备始终使用同一个 IP 地址。

（7）选项类型。网络配置参数，如默认网关地址、DNS 服务器地址等。

任务 13.2 运行 DHCP 服务器

CentOS 和 RHEL 安装光盘上均自带了 DHCP 服务器软件，用户可以通过 rpm、yum 命令进行安装，也可以从其官网上下载源代码进行编译安装，网址为 www.isc.org。

【例】 DHCP 服务器的安装和启动。

（1）安装 DHCP 服务器。

```
[root@fanhui ~]# yum -y install dhcp
```

（2）配置 SELinux 和防火墙 firewalld。

```
[root@fanhui ~]# setenforce 0
[root@fanhui ~]# firewall-cmd --permanent --add-service=dhcp
[root@fanhui ~]# firewall-cmd --reload
```

（3）启动和关闭 DHCP 服务器。

DHCP 服务器的守护进程为 dhcpd，配置文件为 /etc/dhcp/dhcpd.conf。默认情况下，安装 DHCP 服务器程序后，系统会自动在 /etc/dhcp/ 目录下建立一个空白的 dhcpd.conf 文件，这会导致无法启动 dhcpd 进程，因此需要找到配置文件的模板，将其复制到 /etc/dhcp/ 目录下。

```
[root@fanhui ~]# cp /usr/share/doc/dhcp-4.2.5/dhcpd.conf.example /etc/dhcp/dhcpd.conf
[root@fanhui ~]# systemctl start dhcpd
# 查看 DHCP 服务器监听开启状态，DHCP 服务器使用 UDP 的 67 端口
[root@fanhui ~]# netstat -aulpn|grep dhcpd
udp     0     0     0.0.0.0:27058     0.0.0.0:*     3859/dhcpd
udp     0     0     0.0.0.0:67        0.0.0.0:*     3859/dhcpd
udp6    0     0     :::7774           :::*          3859/dhcpd
```

如果启动失败，可以使用 journalctl -xe 命令查看导致启动失败的错误信息，然后参考 dhcpd.conf 帮助文档（man dhcpd.conf）。常见问题是配置文件格式有误，防火墙、SELinux 配置、网卡 IP 地址分配等处理不当。

（4）开机自启动 DHCP 服务。

```
[root@fanhui ~]#systemctl enable dhcpd
```

任务 13.3 配置 DHCP 服务器

DHCP 服务器的配置主要是通过修改 /etc/dhcp/dhcpd.conf 文件来实现的，主配置文件更改后需要重启 dhcpd 服务才能生效。

dhcpd.conf 是一个递归下降格式的配置文件，由注释、声明、参数、选项 4 大类语句构成，其中，每行开头的“#”表示注释。

DHCP 服务器配置文件 dhcpd.conf 的内容如下：

13.3.1 声明

声明用于定义网络布局，指定给客户端使用的 IP 地址范围、保留地址等。

1. shared-network 语句

用于声明是否为一组子网共享相同的网络。

命令格式如下：

```
shared-network 名称 {
        [ 参数 ]
        [ 声明 ]
}
```

2. subnet 语句

描述哪些 IP 地址可以分配给用户，一般和 range 语句结合使用。

命令格式如下：

```
subnet 网络 network 子网掩码 {
        [ 参数 ]
        [ 声明 ]
}
```

3. range 语句

用于定义 IP 地址的范围。如果仅仅指定了起始 IP 地址而没有终止 IP 地址，则范围内只包括一个 IP 地址。

命令格式如下：

```
range [dynamic-bootp] 起始 IP [ 终止 IP];
```

4. host 语句

用于定义保留地址。

命令格式如下：

```
host 主机名 {
        [ 参数 ]
        [ 声明 ]
}
```

5. group 语句

用于为一组参数提供声明。

命令格式如下：

```
group {
```

```
        [参数]
        [声明]
    }
```

13.3.2 参数

参数用于配置 dhcpd 服务的各种网络元素，如租约时间、主机名、DNS 域、更新模式等。常用的 dhcpd 参数包括以下几种：

（1）ddns-hostname 参数。指定所使用的主机名，如果不设置，则 dhcpd 默认使用系统当前的主机名。

（2）ddns-domainname 参数。指定所使用的域名，被添加到主机名后便可形成一个完整有效的域名。

（3）ddns-update-style 参数。指定 DNS 的更新模式，dhcpd 提供了 3 种更新模式：none、interim 和 ad-hoc，分别表示不支持动态更新、互动更新模式、特殊 DNS 更新模式。

（4）default-lease-time 参数。指定默认的租约时间，单位为秒。

（5）fixed-address ip 参数。指定为客户端分配一个或者多个固定的 IP 地址，该参数只能出现在 host 语句中。如果指定多个 IP 地址，那么当客户端启动时，它会被分配到相应子网中的 IP 地址上。

（6）hardware 参数。设置客户端的网卡接口类型和 MAC 地址。

（7）max-lease-time 参数。设置最大租约时间长度，单位为秒。

（8）server-name 参数。在 DHCP 客户端申请 IP 地址时，该参数用于告诉客户端分配 IP 地址的服务器名称。

13.3.3 选项

选项以“option”关键字作为开始，用于为客户端指定广播地址、域名、主机名、子网掩码、默认网关等。

（1）option broadcast-address 选项。该选项为客户端指定广播地址。

（2）option domain-name 选项。该选项为客户端指定域名。

（3）option name-servers 选项。该选项为客户端指定 DNS 服务器的 IP 地址，多个 IP 之间用“,”分隔。

（4）option host-name 选项。该选项为客户端指定主机名。

（5）option routers 选项。该选项为客户端指定默认网关的 IP 地址。

（6）option subnet-mask 选项。该选项指定客户端的子网掩码。

（7）option time-offset 选项。该选项为客户端指定与格林威治时间的偏移值，单位为秒。

任务 13.4 配置 DHCP 客户端

通过 DHCP 服务器动态获取 IP 地址及其他网络配置信息后，需要对客户端进行相应的配置。DHCP 客户端的配置比较简单，下面分别对 Linux 和 Windows 下的客户端的配置步骤进行介绍。

13.4.1　Linux 客户端的配置

对于 Linux 客户端，需要在网络配置中指定网络接口的 IP 获取方式为 DHCP。

1. 修改网卡配置文件

将网卡配置文件中的 BOOTPROTO 选项设置为 dhcp。

```
BOOTPROTO=dhcp
```

2. 重新启动网卡

```
[root@fanhui ~]# ifdown ens33
[root@fanhui ~]# ifup ens33
```

3. 查看分配下来的 IP 地址等信息

```
[root@fanhui ~]# ifconfig ens33
```

DHCP 服务器分配下来的 IP 地址、子网掩码、默认网关、DNS 服务器地址等信息可以在 /var/lib/dhclient/dhclient.leases 文件中查看。

13.4.2　Windows 客户端的配置

在本地网卡配置中启用【自动获得 IP 地址】和【自动获得 DNS 服务器地址】两个选项。

打开 cmd 命令行窗口，运行 ipconfig/renew 命令查看 IP 分配情况。

项目实训

一、实训主题

某公司局域网的网段为 10.0.0.0/24，其中两台服务器用于运行应用程序和数据库，对公司内部用户提供服务；还有一台系统管理员专用的计算机和数十台员工办公用的计算机；此外，可能会有外来人员使用笔记本电脑接入本地网络。管理员、办公用的个人计算机以及笔记本电脑都安装 Windows 系统。现在需要在公司内部搭建一个 DHCP 服务器来自动分配 IP 地址，以满足办公需求。

二、实训分析

1. 操作思路

首先，由于应用程序服务器和数据库服务器需要通过固定的 IP 地址来提供服务，所以对这两台服务器分配静态 IP，分别为 10.0.0.1 和 10.0.0.2。同时为避免网络冲突，在 DHCP 配置中需要把这两个 IP 地址从其分配的 IP 列表中排除，考虑到日后服务器数量可能增加，可以把排除范围设置得大一些，决定把 10.0.0.1 到 10.0.0.9 的 IP 地址保留给服务器使用，IP 地址 10.10.10.10 给 DHCP 服务器使用。因此，可供员工办公计算机使用的 IP 地址范围是 10.0.0.11 到 10.0.0.253（10.0.0.254 为网关 IP 地址）。

由于系统管理员有自己的计算机，出于管理上的需要，使用固定的 IP 地址 10.0.0.18。为避免每次重装系统后都要重新分配地址，可以把 IP 地址 10.0.0.18 和系统管理员的计算机网卡 MAC 地址进行绑定。

2. 所需知识

（1）网络相关参数的配置。

（2）dhcp 软件包的安装。

（3）dhcpd.conf 文件配置。

（4）dhcpd 服务管理。

三、实训步骤

【步骤 1】配置网卡 IP 地址。

```
[root@fanhui ~]# ip address add 10.10.10.10/24 dev ens33
```

【步骤 2】安装 DHCP 服务器软件。

```
[root@fanhui ~]# yum -y install dhcp
```

【步骤 3】修改主配置文件 /etc/dhcp/dhcpd.conf。

```
[root@fanhui ~]# vim /etc/dhcp/dhcpd.conf
修改后的内容如下：
option domain-name "xijing.edu.cn";
default-lease-time 600;
max-lease-time 7200;
ddns-update-style interim;
subnet 10.0.0.0 netmask 255.255.255.0 {
    range 10.0.0.11 10.0.0.253;
    option domain-name-servers 218.30.19.40,61.134.1.4;
    option domain-name "xijing.edu.cn";
    option routers 10.0.0.254;
    option subnet-mask 255.255.255.0;
    option broadcast-address 10.0.0.255;
    option time-offset -28800;
    host admin {
    option host-name "admin";
    hardware ethernet 00:50:56:c0:00:01;
    fixed-address 10.0.0.18;
    }
}
```

【步骤 4】配置防火墙和 SELinux，启动 DHCP 服务器。

参见任务 13.2 的内容。DHCP 服务器的 IP 地址分配情况可以在 /var/lib/dhcpd/dhcpd.leases 文件中查看。

【步骤 5】配置客户端自动获取 IP 地址。

具体配置参见任务 13.4 的内容。

【步骤 6】查看客户端上获取的 IP 地址等信息。

Windows 系统的 DHCP 客户端的 IP 分配情况如图 13－1 所示。Linux 系统的 DHCP 客户端使用 ip address 命令显示分配的 IP 地址。

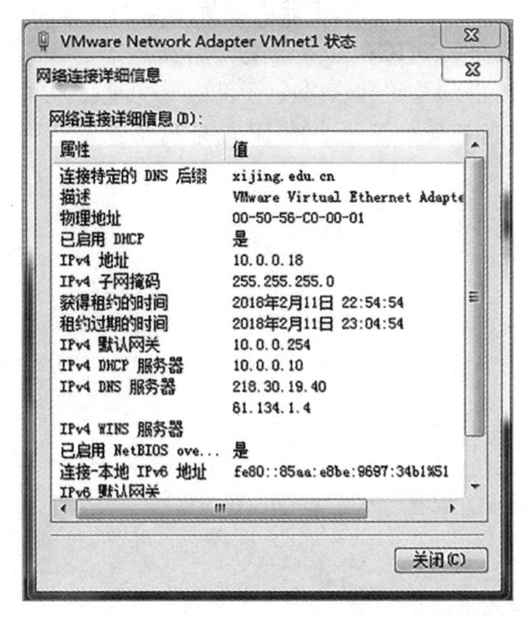

图 13－1　DHCP 客户端的 IP 分配情况

技能检测

简答题

1. 简述 DHCP 的工作原理。
2. 根据 dhcp.conf 文件实例回答问题。

```
default-lease-time 1200;
    max-lease-time 9200;
    option subnet-mask 255.255.255.0;
    option broadcast-address 172.17.138.255;
    option routers 172.17.138.254;
    option domain-name-servers 172.17.138.1,172.17.138.2;
    option domain-name "abc.com" ;
    subnet 172.17.138.0 netmask 255.255.255.0 {
        range 172.17.138.20 172.17.138.80;
    }
    host fixed {
        option host-name "fixed.abc.com" ;
        hardware ethernet 00:a0:78:8e:9f:ab;
        fixed-address 172.17.138.22;
    }
```

回答以下问题：

（1）该 DHCP 服务器可分配的 IP 地址有多少个？
（2）该 DHCP 服务器指定的默认网关、域名及 DNS 服务器分别是什么？
（3）该配置文件的 12 ~ 15 行实现了什么配置功能？
（4）在 Windows 系统中，DHCP 客户端如何配置？
（5）在 Windows 系统中，通过什么命令可以知道本地主机当前获得的 IP 地址？
（6）DHCP 服务器如何查看分配出去的 IP 地址的情况？

项目 14

Docker 的安装与配置

项目导读

Docker 是一个开源的应用容器引擎，基于 Go 语言并遵从 Apache 2.0 协议。Docker 可以让开发者打包应用以及依赖包到一个轻量级、可移植的容器中，然后发布到任何机器上。它采用操作系统层虚拟化技术，容器采用沙箱机制，容器之间不会有任何接口，更重要的是容器性能开销极低。本项目将介绍 Docker 的基本原理、常用命令以及容器管理等内容。

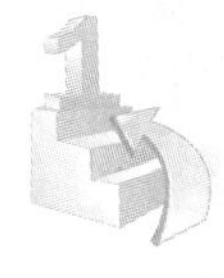

学习目标

- 了解 Docker 的工作原理。
- 能够正确配置 Docker 服务器。
- 能够正确处理 Docker 服务器运行中出现的常见问题。

课程思政目标

注重培养在工作过程中解决问题的能力，养成认真负责的工作态度和求真务实的科学精神。

任务 14.1　初识 Docker

Linux 上的虚拟化技术主要包括两类：一类是管理技术，例如 KVM（Kernel-based Virtual Machine）；另一类是容器技术，例如 Linux LXC（Linux Container）。Docker 是构建在 LXC 之上的 VM 解决方案，是容器化技术的一种实现。

14.1.1　Docker 的由来

Hyper-V、KVM 和 Xen 等虚拟机管理程序都是基于虚拟化硬件仿真机制实现的，这意味着其对系统要求很高。然而，容器却使用共享的操作系统，这意味着在系统资源方面比虚拟机管理程序高效。Docker 建立在 LXC 的容器基础上，有自己的文件系统、存储系统、处理器和内存等部件。Docker 通过将运行环境和应用程序打包到一起，解决了部署的环境依赖问题，实现了跨平台的分发和使用。

14.1.2 虚拟化技术的优势

虚拟化技术是伴随着计算机的出现而产生和发展起来的，虚拟化意味着对计算机资源的抽象。虚拟化技术的核心思想是利用软件或固件管理程序构成虚拟化层，把物理资源映射为虚拟资源。在虚拟资源上可以安装和部署多个虚拟机，实现多用户共享物理资源。

1. Docker 容器与虚拟机管理程序 KVM 的区别

虚拟机管理程序对整个设备进行抽象处理，具有良好的兼容性，但是启动速度很慢；Docker 容器只是对操作系统内核进行抽象处理，可以降低系统性能的开销，对系统资源需求较小，启动速度很快。从隔离的有效性角度来看，Docker 不如虚拟机管理程序彻底。

2. Docker 的优势

（1）实现资源的动态分配和调度，提高现有资源的利用率和服务可靠性。

（2）提供自动化的服务开通能力，降低运维成本。

（3）具有有效的安全机制和可靠性机制，满足公众客户和企业客户的安全需求。

（4）方便系统升级、迁移和改造。

（5）将运行环境和应用程序打包到一起，解决了部署时的环境依赖问题。

任务 14.2 学习 Docker 常用命令

14.2.1 拉取官网（Docker Hub）镜像

命令格式如下：

```
[root@fanhui ~]# docker pull < 镜像名 :tag>
```

14.2.2 搜索在线可用镜像名

命令格式如下：

```
[root@fanhui ~]# docker search < 镜像名 >
```

14.2.3 查询所有的镜像，默认将最近创建的排在最前面

命令格式如下：

```
[root@fanhui ~]# docker images
```

14.2.4 查看正在运行的容器

命令格式如下：

```
[root@fanhui ~]# docker ps -s                    # 查看已经启动的容器
```

```
[root@fanhui ~]# docker ps -a                #查看已经创建的容器
```

14.2.5 删除单个镜像

命令格式如下：

```
[root@fanhui ~]# docker rmi -f < 镜像 id>
```

14.2.6 启动、停止、移除容器操作

命令格式如下：

```
[root@fanhui ~]# docker start  < 容器名称 | 容器 id>          # 启动某个容器
[root@fanhui ~]# docker stop  < 容器名称 | 容器 id>           # 停止某个容器
[root@fanhui ~]# docker kill   < 容器名称 | 容器 id>          # 移除某个容器
```

14.2.7 查询某个容器的所有操作记录

命令格式如下：

```
[root@fanhui ~]# docker logs  < 容器名称 | 容器 id>
```

14.2.8 制作镜像

命令格式如下：

```
[root@fanhui ~]# docker commit
[root@fanhui ~]# docker build
```

14.2.9 创建并启动容器

命令格式如下：

```
[root@fanhui ~]# docker run [ 选项 ] 镜像名 [ 命令 ] [ 参数 ...]
```

常用选项如下：

- -a stdin：指定标准输入 / 输出内容类型，可选 stdin/stdout/stderr 共 3 项。
- -d：后台运行容器，并返回容器 ID。
- -i：以交互模式运行容器，通常与 -t 同时使用。
- -t：为容器重新分配一个伪输入终端，通常与 -i 同时使用。
- -name：Docker 在创建容器时会自动随机生成一个名称，可以使用该选项为容器指定一个确定的名称。
- -w：指定容器的工作目录。
- -v：将本地目录挂载到容器的某个目录。
- -p：指定容器暴露的端口。
- info：输出环境信息。
- ps：查看容器信息。

- images：列出镜像。
- search：搜索镜像。
- pull：从仓库中下拉镜像。
- push：将镜像推送到仓库中。
- run：创建并启动容器。
- commit：将容器固化为一个新的镜像。
- start/stop/restart：启动、停止、重启容器。
- rm/rmi：删除容器 / 镜像。

【例 14-1】 将宿主机当前目录下的 myapp 挂载到容器的 /usr/src/myapp，指定容器的 /usr/src/myapp 目录为工作目录，使用容器的 python 命令来执行工作目录中的 helloworld.py 文件。

```
[root@fanhui ~]# docker pull python:3.5                    # 获取镜像 python:3.5
[root@fanhui ~]# docker run -v $PWD/myapp:/usr/src/myapp -w /usr/src/myapp python:3.5 python helloworld.py
```

【例 14-2】 将容器的 5000 号端口发布出去，挂载宿主机目录和容器所在目录，并使容器在后台运行。

```
[root@fanhui ~]# docker pull registry                      # 获取镜像 registry
[root@fanhui ~]# docker run -d -p 5000:5000 -v /opt/data/registry:/tmp/registry registry
```

14.2.10 容器的重命名

命令格式如下：

```
[root@fanhui ~]# docker rename 容器旧名称 容器新名称
```

14.2.11 容器的删除

命令格式如下：

```
[root@fanhui ~]# docker rm 容器名
```

任务 14.3 安装和启动 Docker

14.3.1 Docker 安装前的检查

Docker 支持主流的 Linux 发行版本，包括 Ubuntu、RHEL、CentOS、Fedora 等。本任务将介绍如何在运行 RHEL/CentOS 的宿主机中安装 Docker。安装需要满足的条件如下：

（1）64 位 CPU。

（2）Kernel 3.10 版本及以上。

（3）一种适合的存储驱动：aufs、device mapper、overlay 等。

（4）内核必须支持并开启 cgroup 和命名空间功能。

安装前，检查先决条件：

（1）检查内核。

```
[root@fanhui ~]# uname -a
Linux fanhui 3.10.0-514.el7.x86_64 #1 SMP Tue Nov 22 16:42:41 UTC 2016 x86_64 x86_64 x86_64
GNU/Linux
```

可以看出 CPU 是 64 位的，内核版本是 3.10。

（2）检查 device mapper。

Device Mapper 是 Linux 系统中基于内核的高级卷管理技术框架，Docker 的 device mapper 存储驱动就是基于该框架的精简配备和快照功能来实现镜像和容器的管理。

```
[root@fanhui ~]# grep device-mapper /proc/devices
253 device-mapper
```

14.3.2 Docker 的安装

安装 Docker，首先要保证电脑能够连网，有 root 权限；其次是创建安装源文件；最后使用 yum 进行安装。下面以在 CentOS 7.3 下安装 Docker 为例进行讲解。

【例 14-3】 在 CentOS 7.3 下安装 Docker。

```
# 使用阿里云提供的资源来配置 docker 安装时需要的 extra 源
[root@fanhui ~]# cd /etc/yum.repos.d
[root@fanhui yum.repos.d]# wget http://mirrors.aliyun.com/repo/Centos-7.repo
# 将 yun 源文件 Centos-7.repo 中的字符串 $releasever 替换成 7
[root@fanhui yum.repos.d]# sed -i 's/$releasever/7/g' Centos-7.repo
# 安装 Docker 依赖文件
[root@fanhui yum.repos.d]# yum install -y yum-utils device-mapper-persistent-data lvm2
# 配置 Docker 的 yum 源
[root@fanhui yum.repos.d]# yum-config-manager  --add-repo https://download.docker.com/
linux/centos/docker-ce.repo
# 安装 Docker CE
[root@fanhui yum.repos.d]# yum -y install docker-ce
```

通过 yum 安装 docker-ce 较慢，可到 GitLab 中下载 docker-ce 的 RPM 包。下载后上传到 Linux 服务器，再通过 yum 命令安装就可以自动解决依赖关系。

安装完成后使用如下命令启动 Docker 和查看 Docker 工作状态。

```
[root@fanhui yum.repos.d]# systemctl start docker
[root@fanhui yum.repos.d]# systemctl status docker
```

如果启动失败，可使用 journalctl -xe 命令查看原因。一般可以通过关闭 firewalld、禁止 SELinux、删除 /var/lib/docker/ 下相关子目录的内容等方式来解决。

安装好后，停止和开机自启动 Docker，命令格式如下：

```
[root@fanhui yum.repos.d]# systemctl stop docker
[root@fanhui yum.repos.d]# systemctl enable docker
```

检查 Docker 是否安装正确，命令格式如下：

```
[root@fanhui yum.repos.d]# docker info
```

任务 14.4　管理 Docker

Docker 的管理主要包括：镜像、容器和仓库 3 部分。

14.4.1　镜像

镜像 image 是动态容器的静态表示，包括容器所要运行的应用代码和运行时的配置。Docker 镜像包括一个或者多个只读层，因此，镜像一旦被创建就再也不能被修改了。一个运行着的 Docker 容器是一个镜像的实例。从同一个镜像中运行的容器包含相同的应用代码和运行时的依赖。但是与静态的镜像不同，每个运行着的容器都有一个可写层，这个可写层位于底下的若干只读层上。

运行时的所有变化，包括对数据和文件的写和更新操作，都会保存在可写层中。因此，从同一个镜像运行的多个容器包含了不同的容器层。一个 Docker 镜像可以构建于另一个 Docker 镜像之上，这种层叠关系可以是多层的。

Docker 镜像通过镜像 ID 进行识别。镜像 ID 是一个 64 位字符的十六进制的字符串。但是，当运行镜像时，通常不会使用镜像 ID 来引用镜像，而是使用镜像名来引用。

14.4.2　容器

Docker 容器是一个开源的应用容器引擎，供开发者打包应用以及依赖包到一个可移植的容器，然后发布到 Linux 系统中；也可以实现虚拟化。容器完全使用沙箱机制，相互之间不会有任何接口，几乎没有性能开销，可以很容易地在机器和数据中心运行。

如果把镜像比作类，容器就是实例化后的对象。

当启动一个容器时，首先，Docker 会检查本地是否存在该镜像，如果在本地没有找到该镜像，则 Docker 会去官方的 Docker Hub Registry 查看 Docker Hub 中是否有该镜像，一旦找到该镜像，就会去下载该镜像并将其保存到本地的宿主机中。其次，Docker 在文件系统内部用这个镜像创建一个新的容器，该容器拥有自己的网络、IP 地址，以及一个用来和宿主机进行通信的桥接网络接口。最后，用户告诉 Docker 在新创建的容器中运行什么命令。当容器创建完毕之后，Docker 就会执行容器中的命令。使用 exit 命令退出容器。

14.4.3　仓库

仓库是集中存放镜像的地方，一个注册服务器上有很多仓库，一个仓库中有多个镜像。简单地说，仓库就是一个存放和共享镜像文件的地方。Docker 不仅提供了一个中央仓库，同时也允许使用 registry 搭建本地私有仓库。使用私有仓库可以节省网络带宽，对于每个镜像而言，不用每个人都去中央仓库下载，只需要从私有仓库下载即可。

项目实训

一、实训主题

某学校为满足学生上机学习 ubuntu 的需要，要求在机房服务器（已安装 CentOS 发行版本）上安装 ubuntu，要求占用较少的系统资源，而且启动速度要快。

二、实训分析

1. 操作思路

为了达到占用较少的系统资源的目的，可以考虑使用虚拟化技术。Docker 是一种轻量化容器技术，Docker 容器启动和停止都很快，对系统资源需求很少。因此，本项目使用 Docker 容器技术来实现。首先安装 Docker 软件，然后从网络仓库下载 ubuntu 镜像，最后启动容器，便可拥有基本的 ubuntu 环境。

2. 所需知识

（1）Docker 的安装。

（2）镜像创建。

（3）容器操作。

三、实训步骤

1. 安装 Docker

参见任务 14.3 的内容。

2. 从 Docker Hub 官网拉取 Ubuntu 镜像

【步骤 1】为了加快下载速度，可以使用加速器来下载镜像。下面以 Docker Hub Mirror 加速器为例来进行说明。

```
[root@fanhui ~]# curl -sSL https://get.daocloud.io/daotools/set_mirror.sh | sh -s http://ff33ccad.
m.daocloud.io                # 创建 daemon.json 文件（包含镜像加速器网址）
[root@fanhui ~]# systemctl daemon-reload
[root@fanhui ~r]# systemctl start docker
[root@mail docker]# docker search ubuntu                  # 搜寻所有包含 ubuntu 名字的镜像
[root@fanhui ~]# docker pull ubuntu                       # 下载名为 ubuntu 的镜像
Using default tag: latest
latest: Pulling from library/ubuntu
da7391352a9b: Pull complete
14428a6d4bcd: Pull complete
2c2d948710f2: Pull complete
Digest: sha256:c95a8e48bf88e9849f3e0f723d9f49fa12c5a00cfc6e60d2bc99d87555295e4c
Status: Downloaded newer image for ubuntu:latest
docker.io/library/ubuntu:latest
```

【步骤 2】查看安装的镜像。

```
[root@fanhui ~]# docker images
REPOSITORY   TAG      IMAGE ID       CREATED       SIZE
ubuntu       latest   f643c72bc252   3 weeks ago   72.9MB
```

```
# 一个镜像可以创建多个容器，容器之间相互隔离
# 创建一个随机命名的容器，为容器分配伪终端，最后在容器中执行 /bin/bash 命令
[root@fanhui ~]# docker run -it ubuntu /bin/bash
# 容器创建完后，自动进入容器
root@3ecc3ff1642a:/# more /etc/issue        # 执行 ubuntu 的 more 命令
Ubuntu 20.04.1 LTS \n \l
# 容器使用完成后可以退出
root@3ecc3ff1642a:/# exit
```

【步骤 3】查看系统中所有已安装的容器。

```
[root@fanhui ~]# docker ps -a
CONTAINER ID    IMAGE    COMMAND    CREATED    STATUS    PORTS
NAMES
3ecc3ff1642a    ubuntu    "/bin/bash"    2 minutes ago    Exited (127) 5 seconds ago
busy_goldstine
```

【步骤 4】容器不用时，可以删除。

```
[root@fanhui ~]# docker rm 3ecc
```

【步骤 5】删除镜像。

```
[root@fanhui ~]# docker rmi -f f643c
```

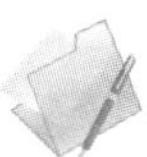

技能检测

简答题

1. 简述 Docker 的工作原理。
2. 从 Dcocker Hub 上安装 ubuntu 镜像，写出具体的操作命令。
3. 查阅资料，对 dockerfile 文件的格式进行说明。
4. 如何实现容器和宿主机之间的通信？
5. 比较 Docker 和 KVM 的区别。

项目 15

Hadoop 的安装与配置

项目导读

Hadoop 是 Apache 开源组织的一个分布式计算开源框架，在很多大型网站上都已经得到了应用，如 Amazon、Facebook、Yahoo、IBM 等，它适合于对海量数据进行分析，基于 Hadoop 的应用非常多。部署 Hadoop 集群是学习和使用 Hadoop 的必由之路。本项目将详细讲解 Hadoop 集群的安装和配置方法。

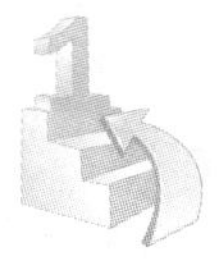

学习目标

- 了解 Hadoop 的核心组件。
- 能够正确配置 Hadoop 集群。
- 能够正确处理 Hadoop 集群运行中出现的常见问题。

课程思政目标

树立终身学习的意识，根据社会进步、技术发展，不断学习新知识，将个人发展和国家、社会发展融为一体。

任务 15.1　初识 Hadoop

Hadoop 是一个分布式系统基础架构，由 Apache 基金会开发。用户可以在不了解分布式底层细节的情况下开发分布式程序，充分利用集群的威力高速运算和存储。本书以 Hadoop 2.x 版本为例进行讲解。

15.1.1　Hadoop 2.x 生态系统

Hadoop 2.x 生态系统如图 15－1 所示。

1. Hadoop 分布式文件系统 HDFS

HDFS 是 Google GFS 的开源实现，它是一个具有高容错性的文件系统，适合部署在廉价的机器上，提供高吞吐量的数据访问，非常适合大规模数据集上的应用。

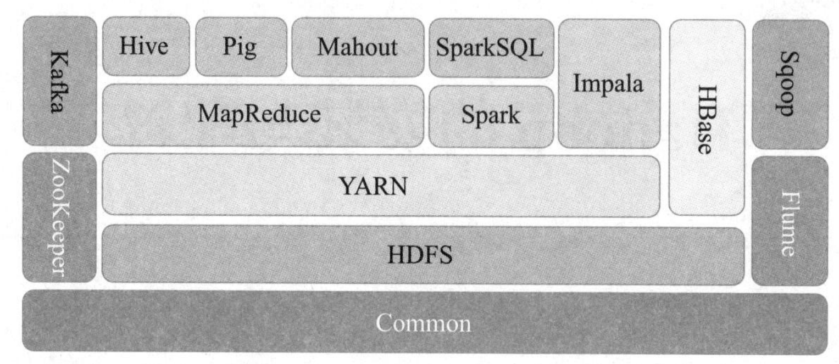

图 15－1　Hadoop 2.x 生态系统

2. YARN 资源协调器

YARN 是统一资源管理和调度平台，它提供了资源隔离方案并实现了双调度器。

3. MapReduce 编程模型

MapReduce 利用函数式编程的思想，将对数据的处理分为 Map 和 Reduce 两个阶段。

4. Hadoop 主从架构 master/slave

Hadoop 集群采用主从架构，其中，名字节点 NameNode 与 JobTracker 为 master，数据节点 DataNode 与 TaskTracker 为 slaves。名字节点 NameNode 与数据节点 DataNode 负责完成 HDFS 的工作，JobTracker 和 TaskTracker 负责完成 MapReduce 的工作。

15.1.2　运行环境和模式

1. Hadoop 的运行环境

Hadoop 的运行环境有以下两种：

（1）Windows。Hadoop 支持 Windows，但由于 Windows 操作系统本身不太适合作为服务器操作系统，所以本项目不介绍在 Windows 操作系统下安装和配置 Hadoop，感兴趣的读者可自行参考相关网站的介绍。

（2）Linux。Hadoop 的最佳运行环境之一无疑是开源操作系统 Linux。Linux 的发行版本众多，常见的有 CentOS、Ubuntu、RedHat 等。

2. Hadoop 的运行模式

Hadoop 的运行模式有以下 3 种：

（1）单机模式（Standalone Mode）。在这种模式下，不需要任何配置，Hadoop 的所有守护进程都变成一个 Java 进程。

（2）伪分布模式（Pseudo-Distributed Mode）。在这种模式下，Hadoop 的所有守护进程都运行在一个节点上，即在一个节点上模拟了一个具有 Hadoop 完整功能的微型集群。

（3）全分布模式（Fully-Distributed Mode）。在这种模式下，Hadoop 的所有守护进程运行在多个节点上，形成一个真正意义上的集群。

3 种运行模式各有优缺点。单机模式配置最简单，但它与用户交互的方式不同于全分布模式；对于节点数目受限的初学者来说，可以采用伪分布模式，虽然只有一个节点支撑整个 Hadoop 集群，但是 Hadoop 在伪分布模式下的操作方式与在全分布模式下的操作几乎完全相同；全分布模式是 Hadoop 应用的最佳模式，真实 Hadoop 集群的运行均采用该模式，但该模式需要完成的配置工作和架构所需要的机器集群也是最多的。鉴于实战意义，本项目介绍的是全分布模式下的 Hadoop 集群的部署过程。

任务 15.2 安装 Hadoop 集群

在 Linux 下安装 Hadoop 必须有两个软件支持：Java、SSH。

全分布模式下部署 Hadoop 集群时，最少需要两台机器，一台作为主节点、一台作为从节点。

构建一个 Hadoop 集群。需要准备 3 台安装有 Linux 系统的虚拟机器，机器名分别为 master、slave1、slave2，其中 master 作为主节点，slave1 和 slave2 作为从节点。具体部署规划见表 15－1。

表 15－1 Hadoop 集群具体部署规划

机器名	IP 地址	HDFS 进程	YARN 进程
master	192.168.180.11	NameNode	ResourceManager
slave1	192.168.180.12	DataNode	NodeManager
slave2	192.168.180.13	DataNode	NodeManager

15.2.1 准备软件环境

构建的 Hadoop 集群需要使用 3 台安装有 CentOS 操作系统的计算机，要求每台机器配有至少 4GB 内存、60GB 磁盘。方便起见，3 台机器的用户账号和密码均相同。

软件环境的所有节点均相同，本节仅以主节点 master 为例讲述软件环境的配置过程，从节点配置与主节点相同。

1. 配置静态 IP

为了让主节点和从节点之间的通信可控，需要为各个节点配置静态 IP。主节点 master 和从节点 slave1、slave2 的 IP 地址依次配置为 192.168.180.11、192.168.180.12、192.168.180.13。方法是修改相应网卡的配置文件（etc/sysconfig/network-scripts/ifcfg- 网卡设备名)，具体参见项目 9 的相关内容。

2. 修改机器名

依次将主节点、从节点 1 和从节点 2 所在机器的主机名修改为 master、slave1、slave2。例如，修改机器名为 master，执行如下命令：

```
[root@fanhui ~]# hostnamectl set-hostname master
```

3. 编辑域名映射

依次编辑 master、slave1、slave2 机器上的域名映射文件 /etc/hosts，文件内容为：

```
192.168.180.11 master
192.168.180.12 slaver1
192.168.180.13 slaver2
```

至此，配置静态 IP、修改机器名、编辑域名映射这 3 步已完成。

重启 3 台服务器（init 6），使用命令“hostname”“ip address show”“ping 机器名”依次验证主机名、IP、3 台机器的互通性。

4. 安装和配置 Java

由于 Hadoop 是由 Java 编写而成，所以运行环境需要 Java 的支持。这里推荐使用 Oracle JDK，由于 CentOS 已经预装了 Open JDK，因此需要先卸载 Open JDK，再安装和配置 Oracle JDK。

（1）卸载 Open JDK。

使用如下命令将 Open JDK 卸载：

```
[root@master ~]# yum -y remove java-*
```

（2）下载 Oracle JDK。

根据操作系统和 CPU 的位数来选择相应的 JDK 安装包并下载，本次使用的安装包名称为 jdk-8u162-linux-x64.rpm。下载时需要先在 oracle 官网 https://www.oracle.com 注册用户。

（3）安装 Java。

```
[root@master ~]# yum -y install jdk-8u162-linux-x64.rpm
```

（4）配置 Java 环境。

修改 /etc/profile 文件，设置环境变量 JAVA_HOME、PATH 和 CLASSPATH 的值，在该文件中添加如下内容：

```
# 配置 Java 环境变量
export JAVA_HOME=/usr/java/jdk1.8.0_162
export PATH=$JAVA_HOME/bin:$PATH
export CLASSPATH=.:$JAVA_HOME/lib/dt.jar:$JAVA_HOME/lib/tools.jar
```

使用 source/etc/profile 命令重新加载配置文件，使之立即生效。

（5）测试 Java。

使用 java -version 命令测试 Java。

本小节所执行的操作，在 Hadoop 的所有节点上都要执行。按上述步骤，在机器 slave1 和 slave2 上通过 root 用户进行 Java 的安装和配置。

5. 启动和配置 SSH 服务

远程管理计算机一般使用远程桌面或者 telnet，Linux 系统自带了 telnet，但是 telnet 存在缺点，就是对通信的数据不加密，存在安全隐患，只适合内网访问。用户可以使用安全通信协议 SSH（Secure Shell）解决这个问题，安全地进行网络数据传输。SSH 采用非对称加密体系，对数据进行 RSA 或者 DSA 加密，可以避免网络窃听。

需要注意的是，Hadoop 并不是通过 SSH 协议进行数据传输的，仅在启动和停止的时候，主节点通过 SSH 协议将从节点上面的进程启动或停止。所以说，即使不配置 SSH，也不会影响 Hadoop 的使用，但是启动和停止 Hadoop 时就需要手动输入从节点的用户名和密码。

（1）配置防火墙。

```
[root@master ~]# firewall-cmd --service=ssh --add-port=22/tcp --permanent
```

（2）安装 OpenSSH。

使用 rpm -qa|grep ssh 命令查看是否安装了 SSH 软件包，如果没有，使用下列命令安装 OpenSSH。

```
[root@master ~]# yum -y install openssh*
```

（3）配置 SSH 免密码登录。

如果不配置免密码登录，那么每次启动和停止 Hadoop 的过程中，当主节点和所有从节点需要相互通信时，就要手动输入密码以登录每台机器，比较麻烦。考虑到真正的 Hadoop 集群动辄有数百台甚至数千台服务器，一般来说都要配置 SSH 的免密码登录。

下面讲解如何配置主节点到从节点的 SSH 免密码登录。

注意：以下所有操作均在 master 机器上完成。

1）sshd_config 配置文件。

OpenSSH 服务器的配置文件为 sshd_config，虽然该文件的选项很多，但是通常情况下无须修改就可以满足大多数场景的需求。

2）重启 sshd 服务。

```
[root@master ~]# systemctl restart sshd.service
```

3）生成公钥和私钥。

以普通用户身份登录，使用如下命令：

```
# 使用 RSA 算法在家目录中生成密钥对，密码为空，注意 -p 参数后面是两个单引号
[fanhui@master ~]# ssh-keygen -t rsa -P ''
```

在生成的密钥对文件中，id_rsa 存储私钥，id_rsa.pub 存储公钥，此公钥将会拷贝至其他 Hadoop 节点。

4）添加公钥文件 id_rsa.pub 内容到 authorized_keys 授权文件。

```
[fanhui@master ~]# cat ~/.ssh/id_rsa.pub >> ~/.ssh/authorized_keys
```

授权文件名需要和 OpenSSH 配置文件 /etc/ssh/sshd_config 中行 AuthorizedKeysFile 后面的文件名保持一致。

5）共享公钥。

如果不共享公钥给从节点 slave1 和 slave2，那么从主节点上输入命令 ssh slave1 或 ssh slave2 时不能建立信任。共享公钥后，就不再需要输入密码。将 master 的公钥直接复制给 slave1/slave2 就可以解决连接从节点 slave1/slave2 时需要密码的问题，命令如下：

```
[fanhui@master ~]#ssh-copy-id -i ~/.ssh/id_rsa.pub fanhui@slave1
[fanhui@master ~]#ssh-copy-id -i ~/.ssh/id_rsa.pub fanhui@slave2
[fanhui@master ~]#ssh-copy-id -i ~/.ssh/id_rsa.pub fanhui@master
```

公钥共享完成后，master 上的目录 /home/fanhui/.ssh 下多了一个文件 known_hosts，

里面有 master、slave1 和 slave2 的信任信息。

至此，SSH 免密码登录的配置已经结束。

（4）验证 SSH 免密码登录。

在 master 上使用命令 ssh slave1 和 ssh slave2 分别测试 master 到 slave1、slave2 是否可以免密码登录。

经过以上步骤，在进行 SSH 登录时，如果仍需要输入密码，有可能是因为目录 .ssh 的访问权限设置不正确，在 master 上执行 chmod 命令修改授权密钥文件和文件夹的相应权限，命令如下：

```
[fanhui@master ~]# chmod 644 ~/.ssh/authorized_keys
[fanhui@master ~]# chmod 744 ~/.ssh
```

至此，我们已经可以从 master 免密码登录 slave1、slave2 了。

如果要实现所有节点之间都能够免密码登录，还需要在 slave1、slave2 机器上各执行 3 次以上操作，也就是说两两共享密钥，这样累计共需要执行 9 次。

15.2.2 安装 Hadoop

1. 下载 Hadoop

由于 Hadoop 是开源的，因此不同的厂商提供了多个 Hadoop 版本，我们以 Apache Hadoop 版本为例来讲解安装方法。Apache Hadoop 的下载地址为 http://hadoop.apache.org/releases.html，这里选用的 Hadoop 版本是 2020 年 7 月 3 日发布的稳定版 hadoop 2.9.2。

注意：需要在 master、slave1、slave2 这 3 个节点上都下载 Hadoop 的二进制安装包 hadoop-2.9.2.tar.gz。

2. 安装 Hadoop

在 master、slave1、slave2 这 3 个节点上均要完成如下操作：

（1）将 hadoop-2.9.2.tar.gz 解压到目录 /usr/local 下。

```
cd /usr/local
tar -xzvf /home/fanhui/Downloads/hadoop-2.9.2.tar.gz
```

（2）将 Hadoop 安装目录的权限赋给普通用户 fanhui。

```
chown -R fanhui /user/local/hadoop-2.9.2
```

任务 15.3 配置 Hadoop 集群

Hadoop 的配置文件很多，位于目录 $HADOOP_HOME/etc/hadoop 下，其中几个主要的配置文件见表 15－2。

表 15－2 Hadoop 的主要配置文件

配置文件名称	描述
hadoop-env.sh	记录 Hadoop 使用的环境变量
yarn-env.sh	记录 YARN 使用的环境变量
mapred-env.sh	记录 MapReduce 使用的环境变量
core-site.xml	Hadoop core 的配置项，包括 HDFS 和 MapReduce 常用的 I/O 设置等
hdfs-site.xml	HDFS 守护进程配置项，包括 NameNode、SecondaryNameNode、DataNode 等
yarn-site.xml	YARN 守护进程的配置项，包括 ResourceManager、NodeManager 等
mapred-site.xml	MapReduce 计算框架的配置项
slaves	运行 DataNode 和 NodeManager 的从节点机器列表（每行 1 个）

Hadoop 的配置项种类繁多，可以根据需要设置 Hadoop 的最小配置，其余配置选项都采用默认配置文件中指定的值。

Hadoop 默认配置文件在 $HADOOP_HOME/share/doc/hadoop 路径下，找到默认配置文件所在的文件夹，这些文档可以起到查询手册的作用。

该文件夹存放了所有关于 Hadoop 的共享文档，因此被细分为很多子文件夹，下面列出配置文件的默认配置文件的所在位置，见表 15－3。

表 15－3 Hadoop 默认配置文件的位置

配置文件名称	位置
core-site.xml	share/doc/hadoop/hadoop-project-dist/hadoop-common/core-default.xml
hdfs-site.xml	share/doc/hadoop/hadoop-project-dist/hadoop-hdfs/hdfs-default.xml
yarn-site.xml	share/doc/hadoop/hadoop-yarn/hadoop-yarn-common/yarn-default.xml
mapred-site.xml	share/doc/hadoop/hadoop-mapreduce-client/hadoop-mapreduce-client-core/mapreduce-default.xml

在 Hadoop 共享文档的路径下有一个导航文件 share/doc/hadoop/index.html，使用浏览器打开后有上述 4 个默认配置文件的超级链接，还有 Hadoop 的学习教程。

15.3.1 配置 /etc/profile.d 文件夹中的 hadoop.sh

虽然用户可以修改全局配置文件 /etc/profile，但是通常情况下不建议修改该文件，主要是为了便于未来的升级和维护。可以在 /etc/profile.d 下创建一个新的脚本，命名为 hadoop.sh，将 Hadoop 的环境变量添加到这个文件中，新创建的 .sh 文件会在系统启动时被自动加载。

```
[root@master ~]# vim /etc/profile.d/hadoop.sh
# 脚本内容如下
export HADOOP_HOME=/usr/local/hadoop-2.9.2
export PATH=$PATH:$HADOOP_HOME/bin:$HADOOP_HOME/sbin
```

接下来需要修改 Hadoop 众多的配置文件，需要注意的是要在 Hadoop 集群的所有节点上都配置这些文件。为了简化配置过程，我们仅在主节点 master 上配置，然后将配置文件同步到集群中所有的从节点上。

15.3.2 配置 hadoop_env.sh

对于脚本文件 hadoop_env.sh 主要配置 Java 路径 JAVA_HOME、Hadoop 日志存储路径 HADOOP_LOG_DIR 及添加 SSH 的配置选项 HADOOP_SSH_OPTS。

```
[root@master ~]# vim /usr/local/hadoop-2.9.2/etc/hadoop/hadoop-env.sh
# 文件内容如下：
export JAVA_HOME=/usr/java/jdk1.8.0_162
export HADOOP_LOG_DIR=/var/log/hadoop/hdfs
export HADOOP_SSH_OPTS='-o StrictHostKeyChecking=no'
```

15.3.3 配置 yarn-env.sh

YARN 是 Hadoop 的资源管理器，在这个环境变量配置文件中，主要完成两个配置：一是指明 Java 的安装路径 JAVA_HOME；二是指明 YARN 的日志存放路径 YARN_LOG_DIR。

```
[root@master ~]# vim /usr/local/hadoop-2.9.2/etc/hadoop/yarn-env.sh
# 文件内容如下：
export JAVA_HOME=/usr/java/jdk1.8.0_162
export YARN_LOG_DIR=/var/log/hadoop/yarn
```

15.3.4 配置 mapred_env.sh

在这个配置文件中，主要添加 Java 的安装路径 JAVA_HOME 和 MapReduce 的日志存储路径 HADOOP_MAPRED_LOG_DIR。

```
[fanhui@master ~]# vim /usr/local/hadoop-2.9.2/etc/hadoop/mapred-env.sh
# 文件内容如下：
export JAVA_HOME=/usr/java/jdk1.8.0_162
export HADOOP_MAPPED_LOG_DIR=/var/log/hadoop/mapred
```

15.3.5 配置 core-site.xml

core-site.xml 是 Hadoop core 的配置文件，如 HDFS 和 MapReduce 常用的 I/O 设置等，其中包括很多配置项。但实际上，大多数配置项都有默认值，也就是说，很多配置项即使不配置，也没关系，只是在特定场合下，有些默认值无法工作，这时就需要配置特定值。下面以两个参数项 hdfs 和 io.buffer 为例来说明配置方法。

```
<configuration>
    <property>
        <name>fs.defaultFS</name>
        <value>hdfs://master</value>
    </property>
    <property>
```

```
        <name>io.file.buffer.size</name>
        <value>131072</value>
    </property>
</configuration>
```

第 1 个配置项用于设置 Hadoop 文件系统 HDFS 的文件 URI，第 2 个配置项用于设置 IO 文件的缓冲区大小为 128KB。

15.3.6 配置 hdfs-site.xml

在这个配置文件中，主要配置 HDFS 的几个分项数据，如字空间元数据、数据块、辅助节点的检查点的存放路径，直接采用默认值即可，配置内容如下：

```
<configuration>
    <property>
        <name>dfs.namenode.name.dir</name>
        <value>file:/hadoop/hdfs/name</value>
    </property>
    <property>
        <name>dfs.datanode.data.dir</name>
        <value>file:/hadoop/hdfs/data</value>
    </property>
    <property>
        <name>dfs.namenode.checkpoint.dir</name>
        <value>file:/hadoop/hdfs/namesecondary</value>
    </property>
</configuration>
```

需要注意的是，这 3 个属性值需要用户创建一个目录 /hadoop，并将其所有者改为普通用户（fanhui)，或者授权普通用户（fanhui）写权限，子文件夹如 hdfs/name、hdfs/data、hdfs/namesecondary 不需要创建，可由 Hadoop 系统自动创建。

15.3.7 配置 yarn-site.xml

yarn-site.xml 是有关资源管理器 YARN 的配置信息，配置内容如下：

```
<configuration>
    <property>
        <name>yarn.resourcemanager.hostname</name>
        <value>master</value>
    </property>
    <property>
        <name>yarn.nodemanager.local-dirs</name>
        <value>/hadoop/nm-local-dir</value>
    </property>
    <property>
        <name>yarn.nodemanager.aux-services</name>
        <value>mapreduce_shuffle</value>
    </property>
</configuration>
```

需要注意的是，第 2 个属性值需要用户在根目录下创建一个文件夹 /hadoop，若在前面配置 hdfs-site.xml 时已经创建，则无须重复创建，用于指明 YARN 的节点管理器的本地目录。

15.3.8　配置 mapred-site.xml

mapred-site.xml 是与 MapReduce 计算框架相关的配置信息，$HADOOP_HOME/etc/hadoop 目录下并没有该文件，只有一个模板文件 mapred-site.xml.template，使用 vim 命令直接创建并编辑相应的配置信息即可，配置内容如下：

```
<configuration>
    <property>
        <name>mapreduce.framework.name</name>
        <value>yarn</value>
    </property>
</configuration>
```

15.3.9　配置 slaves

slaves 是一个有关从属节点主机名的配置文件，该文件与上述配置文件同处于一个目录 $HADOOP_HOME/etc/hadoop 下，在这个文件中添加所有的 slave 节点主机名，每一个主机名占一行。

```
slaver1
slaver2
```

注意：在 slaves 文件里有一个默认值 localhost，一定要删除！如果不删除，那么 Hadoop 还是“伪分布”模式。

15.3.10　同步 Hadoop 配置文件

上述配置文件要求 Hadoop 集群中的每个节点都有一份，快捷方法是在主节点 master 上配置好，然后利用 scp 命令将配置好的文件同步到从节点 slave1、slave2 上。

（1）将 hadoop.sh 同步到另两台从节点。

```
[root@master ~]# scp /etc/profile.d/hadoop.sh  root@slave1:/etc/profile.d/
[root@master ~]# scp /etc/profile.d/hadoop.sh  root@slave2:/etc/profile.d/
```

（2）将 /usr/local/hadoop-2.9.2/etc/hadoop 下的配置文件同步到另两台从节点。

```
scp /usr/local/hadoop-2.9.2/etc/hadoop/* fanhui@slave1:/usr/local/hadoop-2.9.0/etc/hadoop/
scp /usr/local/hadoop-2.9.2/etc/hadoop/* fanhui@slave2: /usr/local/hadoop-2.9.0/etc/hadoop/
```

15.3.11　创建所需目录

注意：以下创建文件的步骤需要在 Hadoop 集群的所有节点上执行。

1. 创建目录 /var/log/hadoop

在前面的配置文件里，Hadoop、YARN、MapReduce 的日志被设置存放于 /var/log/hadoop 路径下，对于普通用户而言，是没有写权限的，所以我们首先需要切换到 root 用户，在文件夹 /var/log 下创建子文件夹 hadoop，然后再将这个文件夹的宿主归属于普通用户。

```
[root@master ~]# mkdir /var/log/hadoop
[root@master ~]# chown -R fanhui /var/log/hadoop
```

2. 创建目录 /hadoop

如前所述，在配置 hdfs-site.xml 和 yarn-site.xml 文件时，我们还需要在根目录下创建一个文件夹 hadoop，并修改文件夹的所有者归属于普通用户。

```
[root@master ~]# mkdir /hadoop
[root@master ~]# chown -R fanhui /hadoop
```

15.3.12 格式化 HDFS

重启 Hadoop 集群所有节点，使 Hadoop 环境变量专有配置文件 hadoop.sh 生效。

在第 1 次启动 Hadoop 之前，必须将 HDFS 格式化。

```
[fanhui@master ~]# hdfs namenode -format
```

需要注意的是，格式化命令需要以当前用户 fanhui 身份运行，且只需在主节点 master 上执行一次。

项目实训

一、实训主题

某公司现有 20 台服务器，单个服务器无法及时处理交通大数据，计划搭建一个 Hadoop 集群，使用 MapReduce 技术来完成数据的处理。请确定搭建 Hadoop 集群的方法。

二、实训分析

1. 操作思路

鉴于单一服务器计算能力有限，可以搭建分布式环境来将计算任务分散到各台服务器上。考虑到成本问题，可以采用 Hadoop+CentOS 来构建集群。

2. 所需知识

（1）Hadoop 环境配置。

（2）Hadoop 安装。

（3）Hadoop 启动和验证。

（4）Hadoop 关闭。

三、实训步骤

根据项目描述，可以设置 master 节点 1 个，slave 节点 19 个，同时规划每台服务器的 IP 地址。

1. Hadoop 环境配置

具体参见 15.2.1 所示的内容。

2. Hadoop 安装

具体参见 15.2.2 所示的内容。

3. Hadoop 配置

具体参见 15.3 所示的内容。

4. Hadoop 启动和验证

【步骤 1】启动 Hadoop 守护进程，只需要在主节点 master 上依次执行以下 3 条命令即可。

```
[fanhui@master ~]# start-dfs.sh
[fanhui@master ~]# start-yarn.sh
[fanhui@master ~]# mr-jobhistory-daemon.sh start historyserver
```

start-dfs.sh 命令会在主节点 master 上启动 NameNode 和 SecondaryNameNode 服务，在每个从节点上启动 DataNode 服务。

start-yarn.sh 命令会在主节点 master 上启动 ResourceManager 服务，在每个从节点上启动 NodeManager 服务。

mr-jobhistory-daemon.sh 命令会在主节点 master 上启动 JobHistoryServer 服务。

注意：即使对应的守护进程没有启动成功，Hadoop 也不会在控制台显示错误消息，可以利用 jps 命令（java 提供的一个用于显示当前所有 java 进程 pid 的命令）来一步一步查询，核实对应的进程是否启动成功。

【步骤 2】执行命令 start-dfs.sh。

若 Hadoop 集群部署成功，执行命令 start-dfs.sh 后，NameNode 和 SecondaryNameNode 出现在主节点 master 上，DataNode 出现在从节点 slave1、slave2 上。

```
[fanhui@master ~]# start-dfs.sh
[fanhui@master ~]# jps
12599   SecondaryNameNode
12380   NameNode
12734   Jps
```

【步骤 3】执行命令 start-yarn.sh。

若 Hadoop 集群部署成功，执行命令 start-yarn.sh 后，在主节点的守护进程列表中多了 ResourceManager，从节点中则多了 NodeManager。

```
[fanhui@master ~]# start-yarn.sh
[fanhui@master ~]# jps
```

```
12851  ResourceManager
12599  SecondaryNameNode
12380  NameNode
13127  Jps
```

【步骤 4】执行命令 mr-jobhistory-daemon.sh start historyserver。

若 Hadoop 集群部署成功，执行命令 mr-jobhistory-daemon.sh start historyserver 后，在主节点的守护进程列表中多了 JobHistoryServer，而从节点的守护进程列表不发生变化。

```
[fanhui@master ~]# mr-jobhistory-daemon.sh start historyserver
[fanhui@master ~]# jps
12851  ResourceManager
13205  JobHistoryServer
12599  SecondaryNameNode
12380  NameNode
13246  Jps
```

Hadoop 也提供了基于 Web 的管理工具，可以用来验证 Hadoop 是否正确启动，其中 HDFS Web 的默认地址为 http://namenodeIP:50070；YARN Web 的默认地址为 http://resourcemanagerIP:8088；MapReduce Web 的默认地址为 http://jobhistoryIP:19888。

关闭 Hadoop 的命令与启动 Hadoop 的命令次序相反，在主节点 master 上依次执行以下 3 条命令即可。

```
[fanhui@master ~]# mr-jobhistory-daemon.sh stop historyserver
[fanhui@master ~]# stop-yarn.sh
[fanhui@master ~]# stop-dfs.sh
```

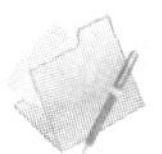

技能检测

一、选择题

1. Hadoop 最基础的功能是（　　）。

A. 存储和处理海量数据　　B. 快速编写程序
C. 加快数据的读取　　D. 数据挖掘

2. Hadoop 集群采用（　　）架构。

A. 主从架构　　B. 对等架构　　C. B/S　　D. C/S

3. 配置 SSH 免密码登录的正确的操作顺序是（　　）。

（1）检查 SSH 是否已安装，若没有则安装
（2）修改 sshd 配置文件并重启 sshd 服务
（3）在家目录生成公钥和私钥，并将公钥内容追加到 authorized_key 授权密钥中
（4）从主节点共享公钥到从节点上

A.（1）（2）（4）（3）　　B.（1）（3）（2）（4）
C.（1）（2）（3）（4）　　D.（1）（4）（3）（2）

4. 以下哪个 Hadoop 配置文件可以配置 HDFS URI？（　　）

A. core-site.xml　　B. hdfs-site.xml

C. yarn-site.xml　　D. mapred-site.xml

5. 以下哪个 Hadoop 配置文件指定了运行 DataNode 和 NodeManager 进程的从节点主机名列表？且在全分布模式下必须修改该文件，将所有从节点主机名添加进去，并要求每一个主机名占一行。(　　)

A. hdfs-site.xml　　B. yarn-site.xml

C. mapred-site.xml　　D. slaves

6. 由于 Hadoop 配置文件繁多，配置过程复杂，而又要求所有配置文件每个节点各一份，所以常用的快捷方法是在主节点上配置好，然后利用（　　）命令将配置好的文件同步到所有从节点上。

A. cp　　B. copy

C. scp　　D. 以上选项均不正确

7. HDFS 主进程是以下哪个 Hadoop 的守护进程？(　　)

A. NameNode　　B. DataNode

C. ResourceManager　　D. NodeManager

8. YARN 从进程是以下哪个 Hadoop 的守护进程？(　　)

A. NameNode　　B. DataNode

C. ResourceManager　　D. NodeManager

9. 启动 Hadoop 集群的命令的正确顺序是（　　）。

（1）start-dfs.sh

（2）start-yarn.sh

（3）mr-jobhistory-daemon.sh start historyserver

A.（1）(2)(3)　　B.（3）(2)(1)　　C.（1）(3)(2)　　D.（2）(1)(3)

二、简答题

1. 简述部署全分布模式下 Hadoop 集群的过程。

2. 配置 SSH 免密码登录有何意义？

项目 16

Webmin 的安装与使用

项目导读

对于刚开始学习 Linux 系统的人来说，通过字符界面完成 Linux 系统的管理和维护是有一定难度的。为此，一些开源组织开发了简化系统管理的工具，Webmin 就是其中之一。本项目将介绍系统管理工具 Webmin 的安装、配置和基本使用方法。

学习目标

- 掌握 Webmin 的安装和使用方法。
- 能够处理 Webmin 运行中出现的常见问题。

课程思政目标

感受操作系统管理技术为人们的生产生活带来的方便和快捷，努力成为具有社会责任感和社会参与意识的高素质技能人才。

任务 16.1 安装和配置 Webmin

默认情况下，CentOS/RHEL 不会安装 Webmin，安装光盘中也不包含此软件包，用户需要手动安装并配置 Webmin。

使用 Webmin 的好处如下：

（1）所有类 UNIX 系统都有一个共同的特点，就是配置应用服务器和系统管理都需要通过配置文件的方式进行。对此，许多学习 Linux 的用户都非常头疼，因为要熟悉和掌握众多的配置文件不是一朝一夕可以做到的，但通过图形化界面 Webmin 便可以解决这一问题。

（2）Webmin 是一个基于 Web 的系统管理工具，内置了 http、https 服务，管理员可以通过浏览器来管理服务器，完成系统管理和服务器配置的任务。

（3）Webmin 支持多国语言、支持绝大多数类 UNIX 系统、支持 https 协议等。

16.1.1 下载并安装 Webmin 软件包

Webmin 可以从官网下载，网址为 http://www.webmin.com/。读者可以下载针对不同类 UNIX 系统的版本，本书以 Webmin 1.926-1 针对 RHEL/Centos/Fedora 系统的 RPM 安装包为例来讲解 Webmin 的安装过程。

Webmin 使用 perl 语言编写，安装时需要安装 perl 相关包，建议使用 yum 来处理软件包之间的依赖关系。

```
[root@fanhui ~]# cd /etc/yum.repos.d/
# 建立软件源文件
[root@fanhui yum.repos.d]# vim webmin.repo
# 输入如下内容
[CentOS-Webmin]
name=Webmin
baseurl=https://download.webmin.com/download/yum
mirrorlist=https://download.webmin.com/download/yum/mirrorlist
enabled=1
# 建立 yum 数据缓存
[root@fanhui yum.repos.d]# yum clean all
[root@fanhui yum.repos.d]# yum makecache
# 导入密钥
root@fanhui webmin]# wget https://download.webmin.com/jcameron-key.asc
[root@fanhui webmin]# rpm --import jcameron-key.asc
# 安装 webmin
[root@fanhui yum.repos.d]# yum install -y webmin
# 查看是否成功安装
[root@fanhui yum.repos.d]# rpm -qa | grep webmin
webmin-1.962-1.noarch
```

16.1.2 启动 Webmin

Webmin 使用 tcp 的 10000 端口，如果要通过网络访问 Webmin，需要开放 10000 端口。执行以下命令：

```
[root@fanhui yum.repos.d]# firewall-cmd --permanent --add-port=10000/tcp
[root@fanhui yum.repos.d]# firewall-cmd --reload
```

启动 webmin。

```
[root@fanhui yum.repos.d]# /etc/webmin/start
```

停止 webmin。

```
[root@fanhui yum.repos.d]# /etc/webmin/stop
```

重启 webmin。

```
[root@fanhui yum.repos.d]# /etc/webmin/restart
```

任务 16.2 认知 Webmin 模块

Webmin 提供了众多模块，可以分为 Webmin、系统、服务器、网络、工具、硬件、集群和其他 8 大类。用户可以通过这些模块来配置系统或者服务。

16.2.1 系统模块

系统模块用于修改系统的设置，如 cron 任务调度、修改用户密码、创建文件系统备份、PAM 认证设置、软件包管理、开机和关机、磁盘配额、用户和组群、进程管理等。

16.2.2 服务器模块

服务器模块主要用于配置各种服务器，如 Apache、DNS、DHCP、Dovecot、Postfix、Samba、SSH 等标准服务器。

需要注意的是，当系统中新安装了服务器软件，不是在服务器模块中显示，而是在未使用模块（Un-used Modules）中显示。

【例】 在 Webmin 中配置 Apache 服务器。

在 Webmin 左侧的服务类别中选择【服务器】→【Apache 服务器】，右侧将显示 Apache 服务器模块的索引选项，如图 16－1 所示。

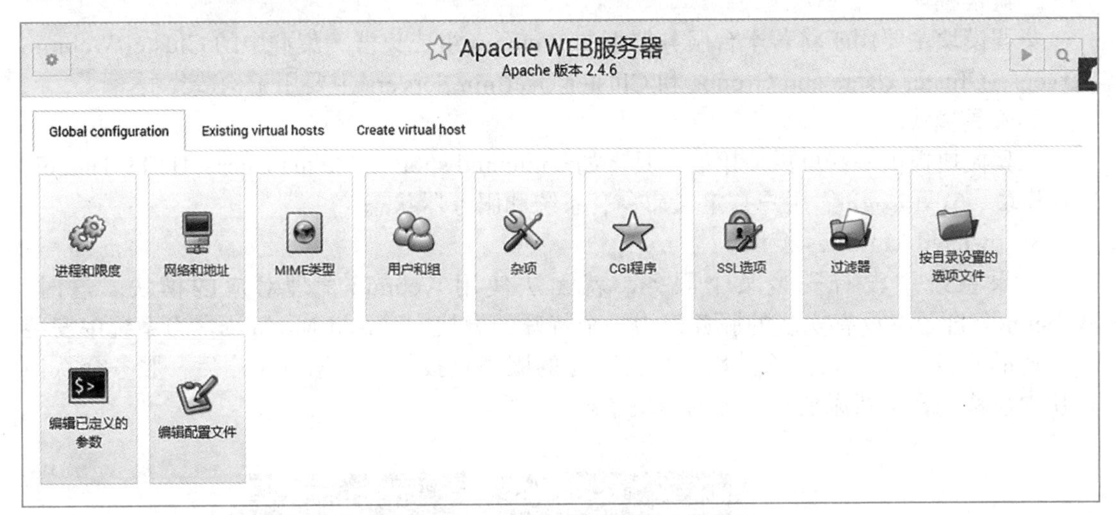

图 16－1 Apache 服务器的索引选项

Apache 服务器模块将服务的配置文件分为【全局配置】、【已存在虚拟机】和【创建虚拟机】3 类。只需要单击对应的图标就可以进入相关设置，以全局配置中的网络和地址为例，配置界面如图 16－2 所示。

可以看到配置文件中的相关设置选项和当前设置都已经显示出来，用户只需要选择或设置相关选项即可，非常方便。设置完成后单击【保存】按钮就可以将设置保存到配置文件中，然后即可在索引页面中启动 Apache 服务器。

虽然 Webmin 为服务器配置提供了较为简单的图形操作方式，但是仍然建议读者熟悉配置文件，以及所有配置项和对应参数，以备不时之需。

1. 网络模块

网络模块主要用于配置与网络相关的服务，如 firewall、Kerberos 认证、NFS、TCP

Wrappers、网络配置等。

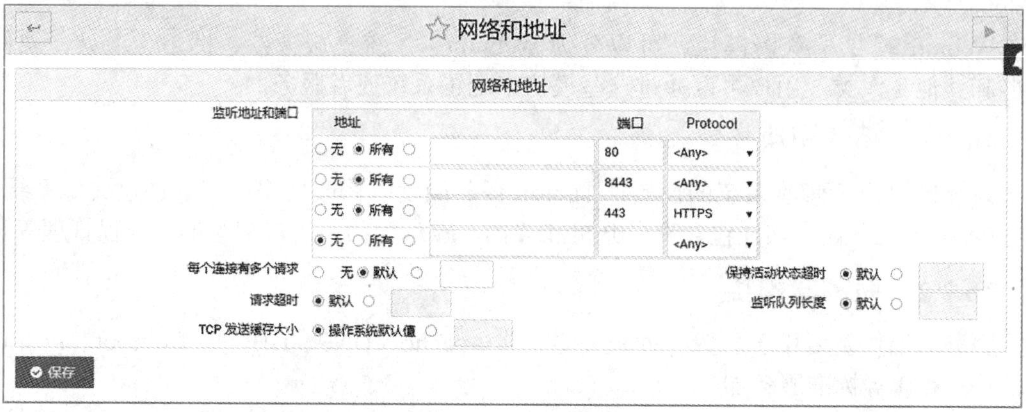

图 16－2　网络和地址配置选项

2. 硬件模块

硬件模块主要用于管理系统中的硬件和硬件支持的服务，如打印机、磁盘阵列、本地磁盘分区等。

3. 集群模块

集群模块主要用于将若干台服务器上的 Webmin 组成集群，集群中的 Cluster Webmin Servers、Cluster Users and Groups 和 Cluster Usermin Servers 主要用于构造集群。

4. 工具模块

工具模块提供一些可供使用的工具，如 command shell、File manager、HTTP Tunnel、Perl 模块、Text Login、用户自定义命令、系统和服务器状态。

5. Un-used Modules 模块

如果系统中没有安装某个服务，就无法使用 Webmin 管理对应的模块。这时，Webmin 会自动将没有安装的服务归为一个特殊的模块 Un-used Modules。当系统中安装了对应的服务后，可以在该模块中找到对应的服务直接使用。系统重启后，服务会从该模块中被移除，重新添加到正确的模块中。

任务 16.3　使用 Webmin 工具

16.3.1　登录 Webmin

建议使用 Firefox、Chrome 等非 IE 浏览器访问 Webmin，URL 为 https://IP 地址 :10000/。Webmin 支持本地认证，登录时使用 Webmin 所在服务器的 root 用户和密码，如图 16－3 所示。

由于 Webmin 使用自签名文件，因此浏览器会提示证书风险，忽略提示即可正常访问。对于 Firefox，需要在证书风险提示界面单击【高级】按钮，并将 Webmin 添加到【例外】中才可以正常访问。

图 16－3　Webmin 登录界面

Webmin 主界面左侧是管理任务选项，分为【Webmin】和【Dashboard】。【Webmin】包括 Webmin、系统、服务器、工具、网络、硬件、集群等设置；【Dashboard】包括当前系统的基本情况，如系统负荷、主机名、操作系统等。

除了支持菜单操作方式外，Webmin 还支持命令行操作。

16.3.2 主题配置和语言选择

Webmin 将英语作为默认语言，用户可以根据需要修改默认语言。登录后选择【Webmin】→【Webmin】→【Change Language and Theme】→【webwin UI language】，然后单击【Personal choice】按钮，在下拉菜单中选中【中文简体】，最后单击【Make Changes】按钮。重启 Webmin 就可以看到中文界面了。

用户还可以更换 Webmin 的主题风格，选择【webwin UI theme】→【Personal choice】，然后在下拉菜单中选择需要的主题，并应用设置即可。

Webmin 具有日 / 夜模式切换功能，以保护用户视力。

Webmin 主界面如图 16－4 所示。

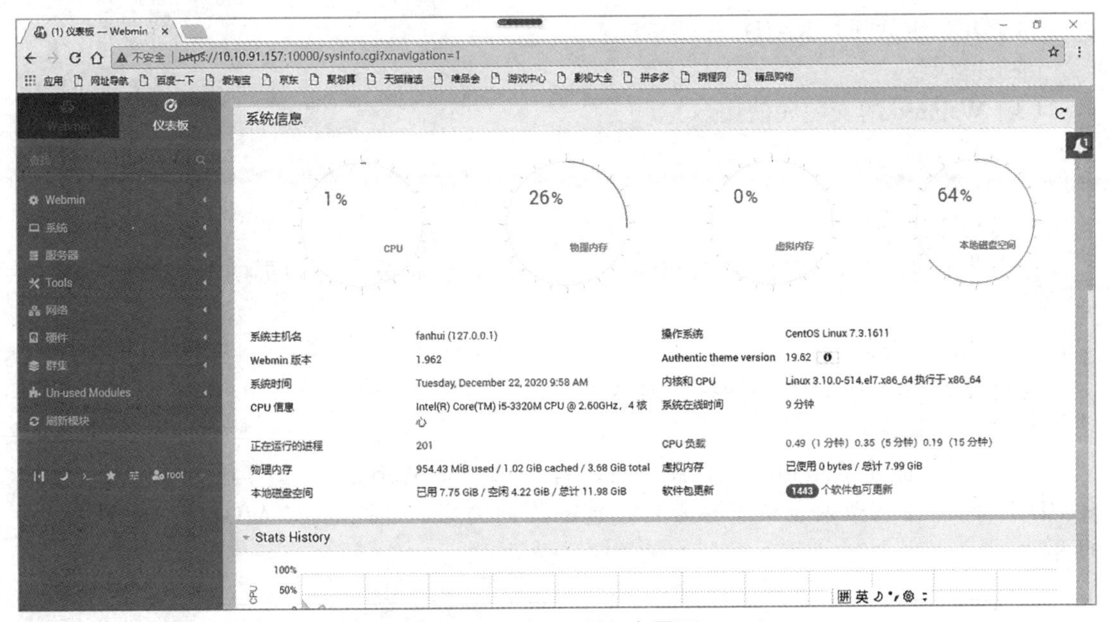

图 16－4 Webmin 主界面

16.3.3 Webmin 的配置文件

用户还可以对 Webmin 运行环境进行修改，选择【Webmin】→【Webmin 配置】即可执行修改任务。

Webmin 配置文件位于 /etc/webmin/miniserv.conf，多数情况下不需要修改此文件。需要关注的配置项如下：

- port：Webmin 的监听端口号，默认值为 10000。安全起见，建议修改。
- ssl：是否提供 SSL 加密机制，默认为 1，表示提供 https。
- login_scripts/logout_scripts/failed_scripts：分别设置用户登录、退出和失败时要执行的 perl 脚本文件。

一、实训主题

某公司有一台 CentOS 服务器，由于数据量激增，导致磁盘空间不足，需要增加 SCSI 硬盘。同时要求确保数据绝对安全，不能出现数据丢失的现象。公司购买了 2 块新硬盘，但是新入职的管理员不太熟悉 CentOS 系统，请设计一个方案帮助管理员完成公司的要求。

二、实训分析

1. 操作思路

为确保数据绝对安全，应该使用 RAID 阵列，等级采用镜像卷。为方便系统配置，减轻管理员的工作，可以考虑使用 Webmin 工具。

2. 所需知识

（1）冗余磁盘阵列 RAID。

（2）镜像卷。

（3）Webmin 的安装和使用。

三、实训步骤

1. 磁盘连接

服务器一般使用磁盘阵列 RAID，支持磁盘的热插拔。将购买的 2 块新硬盘构成阵列。

2. Webmin 安装

详见任务 16.1 和 16.2 中的相关内容。

3. 镜像卷配置

【步骤 1】通过 Webmin 登录服务器，首先选择【Webmin】→【硬件】→【Linux RAID】，然后在下拉列表中选择需要创建的阵列类型“镜像的（RAID1）”，如图 16－5 所示。

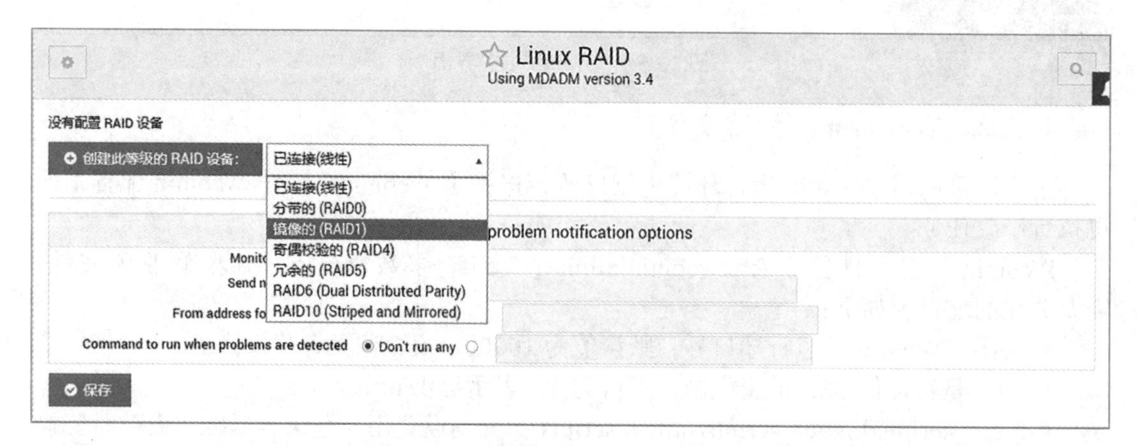

图 16－5　选择“镜像的（RAID1）”

【步骤 2】单击【创建此等级的 RAID 设备】，出现如图 16－6 所示的页面，可以看出空闲分区为逻辑卷 myvg1、mgvg2、/dev/sdd1、/dev/sde1。

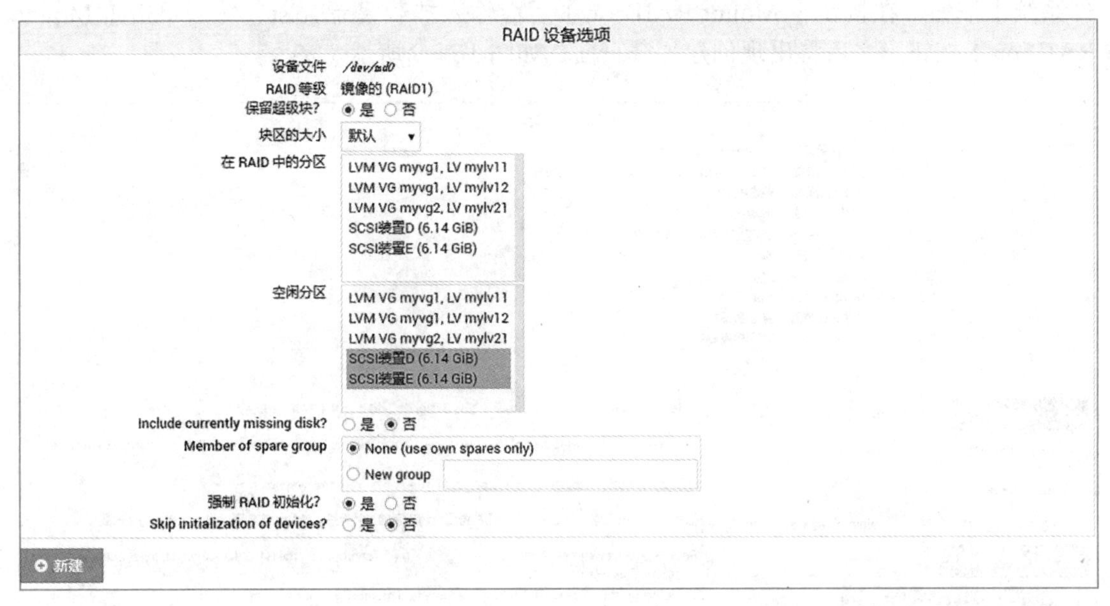

图 16－6　创建 RAID1 设备页面

【步骤 3】按住【Ctrl】键在【在 RAID 中的分区】选项组中依次选择“SCSI 装置 D”和“SCSI 装置 E”，选择【强制 RAID 初始化】为“是”，然后单击【新建】按钮即可创建磁盘阵列设备。

【步骤 4】创建完成后会显示新建的 RAID 设备，如图 16－7 所示。

Device name	Status	RAID level	Usable size	Member disk devices
/dev/md0	clean, resyncing (3%, 0min)	镜像的 (RAID1)	5.99 GiB	/dev/sdd, /dev/sde.

创建此等级的 RAID 设备：　已连接(线性)

RAID problem notification options

Monitoring enabled?　是　否

Send notifications to　Don't send

From address for notifications　Default (root)

Command to run when problems are detected　Don't run any

保存

图 16－7　RAID 设备页面

注意：阵列同步需要一个过程，请等待几分钟。

【步骤 5】对创建的 RAID 进行格式化，确定文件系统类型和挂载点，文件系统类型建议选择 ext 系列或者 xfs 格式。

【步骤 6】双击 /dev/md0 所在位置，出现如图 16－8 所示的页面，在【创建这种类型的文件系统】按钮后面的下拉列表中选择文件系统类型，然后单击【创建这种类型的文件系统】按钮。在按钮【 Mount RAID on 】后面输入挂载目录 /test，然后单击【 Mount RAID on 】按钮。之后将出现创建加载页面，如图 16－9 所示。

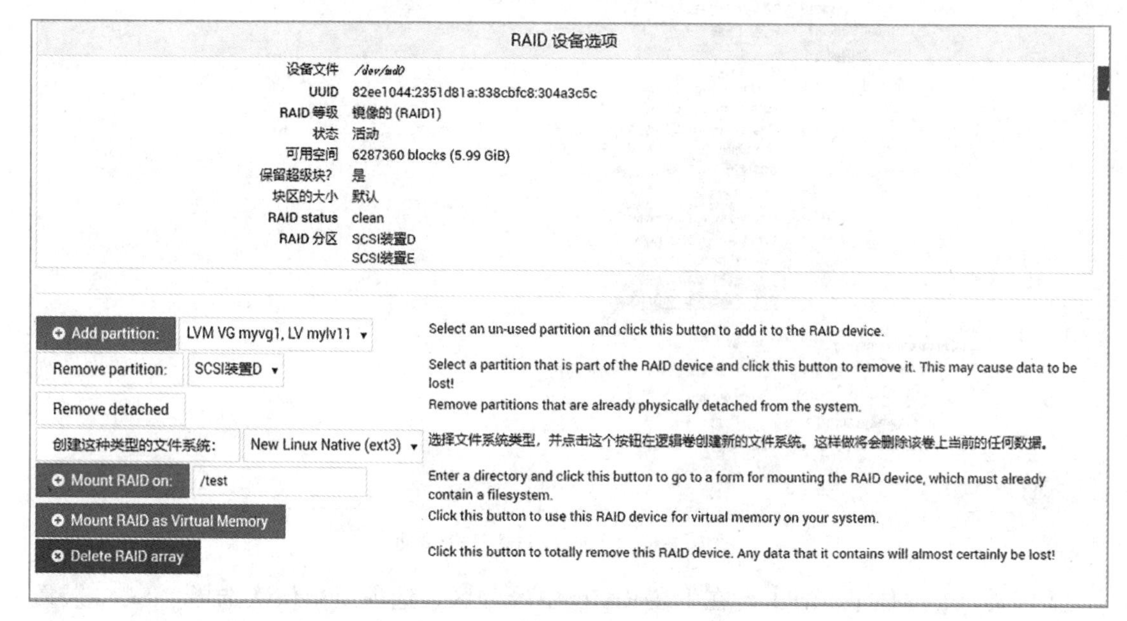

图 16－8　RAID 设备选项页面

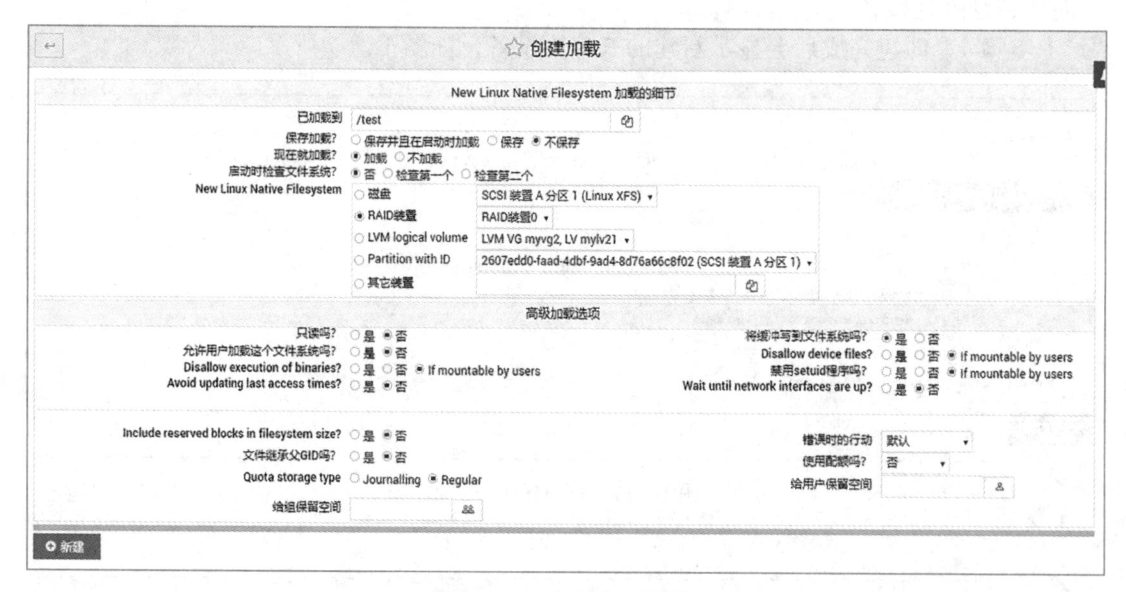

图 16－9　创建加载页面

【步骤 7】在图 16－9 所示的页面中根据需要选择相关配置项。

至此，镜像卷创建完成，可以正常使用阵列设备 /dev/md0。

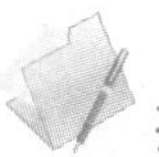

技能检测

选择题

1. Webmin 采用了多种安全机制，在访问安全方面采用的是（　　）协议。
   A. https　　B. http　　C. ftp　　D. ssh
2. 当系统没有安装某个服务时，其对应的设置模块会被分到（　　）中。
   A. 服务器类模块　　B. Un-used Modules 类模块
   C. 工具类模块　　D. 系统类模块
3. 以下选项中描述不正确的是（　　）。
   A. 使用防火墙策略可以加强 Webmin 的安全性
   B. 经常修改 root 用户的密码是一个好习惯
   C. 为提高 Webmin 的安全性，可以将其端口修改为 110
   D. 限制 Webmin 的访问来源可以提高安全性

参考文献

[1] 陈祥琳. CentOS Linux 系统运维 [M]. 北京：清华大学出版社，2016.

[2] 孙亚南，星空. CentOS 7.5 系统管理与运维实战 [M]. 北京：清华大学出版社，2019.

[3] 王亚，王刚. CentOS 7 系统管理与运维实战 [M]. 北京：清华大学出版社，2016.

[4] 丁传炜. CentOS Linux 服务器技术与技能大赛实战 [M]. 北京：人民邮电出版社，2015.

[5] 沐士光，邹国忠. Red Hat Enterprise Linux 基础与应用服务器配置 [M]. 北京：中国铁道出版社，2010.

[6] 莫裕清. Linux 网络操作系统应用基础教程 [M]. 北京：人民邮电出版社，2017.

[7] 迈克尔·詹格，亚历桑德罗·奥尔萨里亚. RHCSA/RHCE 红帽 Linux 认证学习指南 [M]. 7 版. 杜静，秦富童，译. 北京：清华大学出版社，2017.

[8] 何邵华，臧玮，孟学奇. Linux 操作系统 [M]. 3 版. 北京：人民邮电出版社，2017.

[9] 博韦，西斯特. 深入理解 Linux 内核 [M]. 3 版. 陈莉君，张琼声，张宏伟，译. 北京：中国电力出版社，2013.

附录

Linux 命令速查

命令名	含义
adduser	增加一个普通用户
alias	设置命令的别名
arp	管理本机的 arp 缓冲区
arch	显示当前主机的硬件架构
at	按照时间安排任务的执行
atq	检查排队的任务
atrm	删除已经排队的任务
authconfig	配置系统的认证信息
awk	模式扫描与处理语言
badblocks	磁盘坏块检查工具
basename	显示文件或目录的基本名称
batch	在指定时间运行任务
bc	实现精确计算的计算器
bg	将作业放到后台执行
bzip2	压缩 / 解压 .bizp2 格式的文件
cal	显示日历
cat	连接文件并显示到标准输出设备
cd	切换当前目录到指定目录
cfdisk	Linux 下基于光标的磁盘分区工具
chgrp	改变文件所属的组群
chkconfig	设置系统在不同运行级别下所执行的服务
chmod	设置文件的权限

续表

命令名	含义
chown	改变文件的所有者和组群
chroot	以指定根目录运行命令
chsh	改变用户登录时的默认 shell
cksum	检查和计算文件的 CRC 码
clear	清屏
clock	设置系统的 RTC 时间
cmp	比较两个文件的差异
consoletype	显示当前使用的终端类型
cp	复制文件或目录
crontab	按照时间设置计划任务
curl	http 命令行工具
cut	显示文件中每行的指定内容
date	显示和设置系统日期时间
dd	复制文件并转换文件内容
declare	声明 shell 变量
depmod	处理内核可加载模块的依赖关系
df	显示磁盘信息
diff	比较并显示两个文件的不同
diff3	比较 3 个文件的不同
dig	域名查询工具
dirname	显示文件除名字外的路径
dmesg	显示内核的输出信息
domainname	显示和设置主机域名
du	显示目录或文件所占的磁盘空间
dump	文件系统备份
echo	打印字符串到标准输出
edquota	编辑用户的磁盘空间配额
enable	激活与关闭 shell 内置命令
eject	弹出可移动设备的介质
eval	执行指定命令并返回结果
exec	执行指定命令并退出登录
exit	退出当前 shell
expand	将 TAB 转化为空白
exportfs	管理 NFS 服务器共享的文件系统

续表

命令名	含义
export	设置与显示环境变量
expr	计算表达式的值
fc	编辑并执行历史命令
fdisk	Linux 下的分区工具
fg	将后台作业切换到前台执行
file	确定文件类型
findfs	查找文件类型
find	在指定目录下查找文件并执行指定的操作
fold	设置文件显示的行宽
free	显示内存使用情况
fsck	检查与修复文件系统
ftp	FTP 客户端工具
gcc	GNU 的 C 语言编译器
gdb	GNU 调测器
gpasswd	管理组文件 /etc/group
groupadd	创建用户组
groupdel	删除用户组
groupmod	修改用户组
groups	显示当前用户所属的组群
grub	Linux 下的引导加载器
gunzip	解压缩由 gzip 压缩的文件
gzip	GNU 的压缩和解压缩工具
halt	关闭计算机
hash	显示与清除命令运行查询的哈希表
head	输出文件开头的部分内容
help	显示 shell 内置命令的帮助信息
history	显示历史命令
hostid	显示当前主机的数字标识
hostname	显示或者设置主机名
host	DNS 域名查询工具
htpasswd	管理用于基本认证的用户文件
htttpd	Apache 服务器的守护进程
hwclock	查询和设置系统硬件时钟
id	显示用户和组群的 ID

续表

命令名	含义
ifcfg	配置网络接口
ifconfig	配置网络接口的网络参数
ifdown	禁用指定网络接口
ifup	启动指定网络接口
info	读取帮助文档
init	开关机设置
insmod	加载模块到内核
iostat	报告 CPU、I/O 设备及分区信息
ipcalc	IP 地址计算器
ipcs	显示进程间通信的状态信息
iptables	IPv4 包过滤和 NAT 管理
ispell	交互式拼写检查程序
iwconfig	配置无线网络设备
jobs	显示 shell 作业信息
join	将两个文件中与指定栏内容相同的行连接起来
killall	根据名称结束一组进程
kill	结束进程
lastb	显示登录系统失败的用户的相关信息
last	显示以前登录过系统的用户的相关信息
ldd	显示共享库依赖
less	分屏查看文本文件
login	登录系统
logname	显示登录用户名
logout	退出登录 shell
lpadmin	配置 CUPS 打印机和类
lpc	控制打印机
lpq	显示当前打印队列
lprm	删除当前打印队列中的作业
lpr	打印文件
lpstat	显示 CUPS 的状态信息
lsattr	显示文件属性
ls	显示目录内容
lsmod	显示已加载的模块
lsusb	显示所有 USB 设备

续表

命令名	含义
ln	设置链接文件或目录
mail	电子邮件管理程序
make	工程编译工具
man	显示联机帮助手册
md5sum	计算并显示文件 md5 摘要信息
mesg	设置终端写权限
mkdir	创建目录
mkfs	创建文件系统（格式化）
mkswap	创建交换分区文件系统
mktemp	创建临时文件
modprobe	加载内核模块并解决依赖关系
more	分屏显示文本文件
mout	加载文件系统
mpstat	显示进程相关状态信息
mv	移动或重命名文件
netstat	显示网络信息
newgrp	登录另一个组群
ntsysv	设置系统服务
nice	设置进程优先级
nohup	退出系统继续执行命令
nslookup	DNS 域名查询工具
open	开启虚拟终端
od	以数字编码输出文件的内容
parted	磁盘分区管理工具
passwd	设置用户口令
pidof	查找正在运行的程序的进程号
ping	测试到达目标主机的网络是否畅通
pstree	用树形图显示进程的父子关系
ps	显示系统当前的进程状态
pwconv	启用用户的影子口令文件
pwd	显示当前的工作目录
pwunconv	关闭用户影子口令文件
quotacheck	创建、检查和修复配额文件
quotaoff	关闭文件系统的磁盘配额功能

续表

命令名	含义
quotaon	打开文件系统的磁盘配额功能
quota	显示用户磁盘配额
quit	ftp 的退出命令
quotastats	显示磁盘空间的限制
reboot	重启计算机
rename	重命名文件
renice	调整进程优先级
restore	还原由 dump 备份的文件或文件系统
rmdir	输出空目录
rmmod	从内核中删除模块
rm	删除文件或目录
route	显示和设置本机的 IP 路由表
rpm	Red Hat 软件包管理器
rsh	远程 shell
sar	收集、显示和保存系统的活动信息
scp	加密的远程复制工具
sendmail	电子邮件传送代理程序
service	Linux 服务管理和控制工具
set	设置 shell 的执行方式
sftp	安全文件传输工具
showmount	显示 NFS 服务器上的加载信息
shutdown	关闭计算机
sleep	休眠指定的时间
slogin	加密的远程登录工具
smbclient	Samba 服务器客户端工具
smbmount	加载 Samba 文件系统
smbpasswd	设置 Samba 用户的密码
sort	排序数据文件
spell	拼写检查
split	分割文件
squid	http 代理服务器程序
sshd	OpenSSH 守护进程
ssh	加密的远程登录工具
startx	启动 X-Window

续表

命令名	含义
stat	显示文件或文件系统的状态
sudo	以指定用户身份执行命令
su	切换用户
swapon	激活交换空间
swapoff	关闭交换空间
sync	强制缓存数据写入磁盘
sysctl	运行时修改内核参数
tail	输出文件末尾部分内容
talk	与其他用户交谈
tar	创建备份档案文件
tcpdump	监听网络流量
tee	将输入内容复制到标准输出和指定文件
telnet	远程登录工具（不加密，明文传输）
test	条件测试
testparm	测试 Samba 配置文件正确性
tftp	简单文件传输协议客户端程序
tload	监视系统平均负载情况
top	实时显示和管理系统进程状态信息
touch	修改文件的时间属性
tracepath	跟踪数据包的路由
traceroute	跟踪数据包到达目的主机经过的路由
tr	转换或删除文件中的字符
tty	显示标准输入设备的名称
ulimit	设置 shell 的资源限制
umask	设置创建文件或目录时的权限掩码
umount	卸载已经加载的文件系统
unalias	取消由 alias 定义的命令别名
uname	显示系统信息
unexpand	将空白 SPACE 转换为 TAB
uniq	删除文件中的重复行
unset	删除定义的 shell 变量或函数
unzip	解压缩 .zip 文件
uptime	显示系统运行时间及平均负载
useradd	创建用户

续表

命令名	含义
userdel	删除用户
usermod	修改用户配置信息
users	显示当前登录系统的用户名
vi	全屏文本编辑器
vim	增强型 vi 编辑器
vlock	锁定终端
vmstat	显示虚拟内存的信息
wall	向所有终端发送信息
watch	全屏方式显示命令的输出信息
wc	统计文件中的字符数、单词数和行数
wget	从指定的 URL 地址下载文件
whatis	在数据库中查找关键字
whereis	显示命令、源代码和 man 手册页位置信息
which	显示命令的绝对路径
whoami	显示当前用户信息
who	显示系统用户信息
write	向用户终端发送消息
w	显示登录系统的用户相关信息
xhost	显示和配置 X 服务器的访问权限
xinit	X-Window 系统初始化程序
xset	设置 X 系统上的用户偏爱属性
yes	不断输出指定字符串
yum	rpm 软件包自动化管理工具
zipinfo	显示 zip 压缩文件的详细信息
zip	压缩文件
&	将作业放到后台执行